阅读成就思想……

Read to Achieve

治愈系心理学系列

我的暴脾气

易怒情绪背后的心理真相

[美] 罗纳德·波特-埃弗隆（Ronald Potter-Efron）◎著　李佳蔚◎译

RAGE
A Step-by-Step
Guide to Overcoming Explosive Anger

中国人民大学出版社
·北京·

图书在版编目（CIP）数据

我的暴脾气：易怒情绪背后的心理真相 /（美）罗纳德·波特-埃弗隆（Ronald Potter-Efron）著；李佳蔚译. -- 北京：中国人民大学出版社，2022.5
书名原文：Rage : A Step-by-Step Guide to Overcoming Explosive Anger
ISBN 978-7-300-30552-3

Ⅰ. ①我… Ⅱ. ①罗… ②李… Ⅲ. ①情绪-自我控制-通俗读物 Ⅳ. ①B842.6-49

中国版本图书馆CIP数据核字（2022）第061993号

我的暴脾气：易怒情绪背后的心理真相
[美]罗纳德·波特-埃弗隆（Ronald Potter-Efron） 著
李佳蔚 译
Wo de Bao Piqi:Yinu Qingxu Beihou de Xinli Zhenxiang

出版发行	中国人民大学出版社			
社　　址	北京中关村大街31号		邮政编码	100080
电　　话	010-62511242（总编室）		010-62511770（质管部）	
	010-82501766（邮购部）		010-62514148（门市部）	
	010-62515195（发行公司）		010-62515275（盗版举报）	
网　　址	http://www.crup.com.cn			
经　　销	新华书店			
印　　刷	天津中印联印务有限公司			
规　　格	148mm×210mm　32开本		版　次	2022年5月第1版
印　　张	6.5　插页1		印　次	2022年5月第1次印刷
字　　数	150 000		定　价	59.00元

版权所有　　侵权必究　　印装差错　　负责调换

推荐序

"愚妄人的恼怒立时显露。"在《荷马史诗》中，骁勇善战的希腊英雄阿喀琉斯因其主帅阿伽门农抢夺了自己掳回的美丽女战俘而怒火中烧，愤然离开军营，退出特洛伊战争，最终导致希腊联军惨痛失利。在《三国演义》中，性情急躁的张飞听闻关羽被害，怒不可遏，鞭笞范疆、张达二员大将，两人忍无可忍，反害了张飞性命。

古往今来，书里书外，多少人逞一时之气，失一世英名，丧身家性命。"气"即愤怒，与酒、色、财一起，被视作人生四戒。常言道，气是杀人的钢刀。心理学研究也表明，勃然大怒会让人失去理智，不顾风险，贸然行动。不合时宜的暴怒往往给人带来沉重代价。对爱人大发雷霆，可能会导致婚姻破裂；对老板怒气冲天，也许会让你失去工作；对朋友暴跳如雷，恐怕会让你遭受孤立；愤怒的车主在马路上横冲直撞，"下一站"就是监狱。火爆的脾气，将搅乱你的生活，让一切变得鸡飞狗跳。愤怒是最难降服的心魔，而欲成大事者应当学会克制愤怒，正如苏轼所云，"天下有大勇者，卒然临之而不惊，无故加之而不怒。"林则徐也深谙此道，亲笔书写"制怒"二字，将其悬挂书房，时时警戒自己远离暴怒。

然而，大自然不会进化出无用之物，每种情绪都有其存在的意义，愤怒自不例外。

愤怒好似一面镜子，照出人的志向与追求。直面愤怒，人能意识到自己受损的利益、难抒的胸臆、不堪的过往。当家园风雨飘摇，愤怒让人仰天长啸喟叹深仇大恨。一首《满江红·怒发冲冠》写满岳飞对中原失守的气愤与悲痛,一片赤胆忠心从字里行间喷薄而出。当山河支离破碎,愤怒唤起了众生觉醒。在半封建半殖民地社会,愤怒的鲁迅弃医从文,成为文坛战士,以笔为枪,控诉反动势力、唤醒沉睡的民众。面对刘和珍君的死,他说:"我已经出离愤怒了。"正是愤怒让他在麻木的年代里感到刺痛,点燃内心战斗的火种。

愤怒犹如发动机,给人不竭的动力,催人付诸行动,改变当下境遇,捍卫自身利益。回顾中国近代史,很多时候,愤怒让人充满血性风骨、爆发出磅礴力量,向旧时代宣战。"勇者愤怒,抽刃向更强者。"于是,"霹雳一声暴动",人民军队横空出世。因为愤怒,有人告别书生意气,投笔从戎;因为愤怒,有人拍案而起,用生命换取自由。在黑暗的旧年代,唯有点燃愤怒的星星野火,方可燎去沉疴,烧出晨曦。

心理学研究为愤怒的积极作用提供了证据。愤怒不仅具有上述激励作用,有时,表达愤怒还能让他人对自己形成好印象,甚至可以帮助人们赢得谈判。同样,想要在博弈中胜出,有时不得不学会愤怒,让对手意识到你不好欺负。可见,愤怒并非百无是处。

那么,究竟什么是愤怒?我们为何会愤怒?压力和恶劣环境是否会让我们更易怒?暴怒有哪些类型?日积月累的恩恩怨怨何时会引爆愤怒?暴怒时我们的大脑会发生怎样的改变?"喜怒哀乐之未发谓之中",当暴怒还未形成时,该如何有效预防?而当我们体验到不同种类的愤怒后,又当如何对症下药,熄灭胸中的怒火?该如何扬其长避其短,发挥愤怒的积极作用?《我的暴脾气:易怒情绪背后的心理真相》一书基于大量心理咨询的案例,为你一一详解上述问题,让你了解愤怒背后的心理学原理，并手把手教你如何控制情绪，做情绪的主人。

为自己的暴脾气烦恼不已者当然需要读读此书，它会让你更加了解自己的情绪以及由此导致的后果，并从根源上帮你解决烦恼。即使你性情温和，亦不妨翻阅此书，会帮助你理解身边的易怒者。脾气再好的人也会有突然炸毛的时候，阅读此书有助于你应对愤怒这位"不速之客"。

华东师范大学心理与认知科学学院教授

目 录

第1章 认识暴怒 / 1

暴怒是一种普遍现象　6
暴怒详解　7
暴怒是一种人格转换体验　9
暴怒的其他重要特征　11
部分暴怒和临近暴怒　17
暴怒的代价非常昂贵　18
测一测你是否属于暴怒者　20
暴怒者如何自救　25

第2章 我们为什么会暴怒 / 27

暴怒的根源　29
暴怒和乱发脾气之间的关系　29
暴怒和大脑发育缺陷之间的关系　32
暴怒时大脑的状态　34
暴怒和超负荷的压力、情感创伤之间的关系　37
暴怒与酒精、毒品和处方药之间的关系　39
儿童阶段的情绪控制训练　43

暴怒与兴奋　　46
暴怒与羞耻　　48
暴怒与失去　　49
诱发暴怒情绪的因素　　50

第3章　突发型暴怒　/ 53

突发型暴怒和失控　　55
小而频发的突发型暴怒　　57
你有突发型暴怒倾向吗　　58
如何摆脱突发型暴怒　　59

第4章　累积型暴怒，积怨过深导致的疯狂　/ 75

塞缪尔的累积型暴怒　　77
累积型暴怒与突发型暴怒的区别　　78
什么是累积型暴怒　　79
个人恩怨引发的暴怒和暴行　　80
你有累积型暴怒倾向吗　　81
如何摆脱累积型暴怒　　82

第5章　生存型暴怒　/ 95

10年之后　　98

你有生存型暴怒的倾向吗　99
恐惧和创伤：生存型暴怒的根源　101
从恐惧想逃到防御性攻击　104
造成生存型暴怒的元凶：错误警报、曲解现实　104
生存型暴怒是一种生物应对威胁时的对抗反应　105
如何摆脱生存型暴怒　107

第 6 章　无力型暴怒　/ 115

什么是无力型暴怒　119
你有无力型暴怒的倾向吗　119
无力型暴怒的核心　120
无力型暴怒的六要素　121
如何摆脱无力型暴怒　125

第 7 章　羞耻型暴怒　/ 137

什么是羞耻型暴怒　140
羞耻感　141
羞耻让你躲躲闪闪　142
从被羞辱到愤怒　143
你有羞耻型暴怒倾向吗　145
如何摆脱羞耻型暴怒　145

第 8 章　被抛弃型暴怒　/ 159

被抛弃型暴怒大多始于童年　163
孩子哭闹只是为了不让照顾者离开　165
亲密关系中的安全感和不安全感　166
你属于哪种依恋模式　168
如何获得安全感　170
如何摆脱被抛弃型暴怒　171

第 9 章　没有愤怒的生活　/ 185

概念回顾　188

参考文献　191
译者后记　193

Rage

Rage

A Step-by-Step Guide to Overcoming
Explosive Anger

第 1 章

认识暴怒

总有些人会遭受暴怒情绪带来的困扰，这些情绪在别人看来既可怕又莫名其妙。这些人常常控制不住自己的思想、身体和行为。事后，他们又会对自己的言行感到后悔不已。为了让大家对"暴怒"有一个充分的认识，我来讲四则故事。

莱尔：可怜的家暴受害者

莱尔8岁时差点被父亲打死，仅仅因为他有一次忘记给火炉添柴了。父亲回到家看到火炉没柴了，就把莱尔打得昏死了过去。母亲赶紧送他去医院，但是没敢告诉医生实情，谎称莱尔摔了一跤伤到了脑袋。经过一段时间的治疗后，莱尔痊愈了。不过，从那以后，莱尔的性情就发生了翻天覆地的变化。他变得很冷漠，也很有攻击性，每次见到父亲都恨恨地走过去，连招呼也不打。不知不觉莱尔已经16岁了，他长得高高大大的，看上去比他父亲还要强壮。有天晚上，他突然像疯了一样，对父亲大喊大叫，把他摁倒在地，拳脚相加，不一会儿，父亲被打得满脸是血。然而事后，莱尔却完全不记得了，后来还是从妹妹口中得知这一切。

问题是，莱尔如今已经30岁了，依然控制不好自己的情绪，很爱生气，而且每次都气到不行，随后就会失去记忆，就像他16岁那年第一次发疯时那样，莱尔担心这样下去总有一天他可能会失手杀人。事实上真的有这种可能，除非他能尽快得到一些心理治疗。

布伦达：一个总被大家忽略的女人

布伦达对大家来说是个透明人，她太普通了，实在没什么能引人注意的。不过"普通"也谈不上是什么缺点。总之，她没什么特别之处，挺默默无闻的一个人。办公室里，老板让每个人讲一下自己的方案，轮到布伦达时，老板直接跳过了，若无其事地和大家讲着笑话。这个方案可是她非常努力、花费了几周时间才完成的。然而，面对老板的无视，她也只好微笑着配合。派对上，她老公和其他女人眉来眼去、暧昧调情，而布伦达好像也并不在意，只是默默地坐在派对的角落里，一个人静静地待着。如果人们能看穿可怜的布伦达的心思的话，就会惊讶地发现，表面平静如水的布伦达内心早已翻江倒海、不是滋味了。如果人们真的理解布伦达，那么在她每个月发火的时候，大家就不会再发出这样的感慨了："天啊，真的很难相信她居然能说出那么难听的话！"发火的时候布伦达仿佛变了一个人，把她平时憋在心里的情绪统统都发泄了出来。事后布伦达一个劲儿地道歉，她对自己说过的话感到自责不已。但她也说，她是真的没有办法控制住自己，就好像这些话是从别人嘴里说出来的，她自己也不知道为什么会这样。

里卡多：自尊心强且敏感的男人

里卡多是一名很努力的员工，也是一位好老公，一直努力工作、赚钱养家。但是他有一个特点——自尊心非常强，也非常敏感。他一直梦想成为别人眼中的"成功人士",所以他非常害怕失败,别人一句不经意的批评就会让他愤怒不已。有一天,当他老板告诉他,他的方案需要重新设计时,里卡多勃然大怒。他对老板吼道:"你懂什么?凭什么对我指手画脚?你这个肥头大耳的东西!"他当时的火气非常大,无奈之下,老板叫来两个保安把他拖出了办公室。当天他就弄丢了自己的工作,之前几次失业的原因也差不多都是这样。后来他啜泣着对妻子说:"当别人打击我的时候,我实在没办法忍受。我告诉自己要保持冷静,但是我做不到,一听到他们那么说我就受不了。"

莎瑞尔:一个无法接受被抛弃事实的女人

"男友说他需要一点个人空间,我们太亲密了。一听这话我就疯了,随手朝他头上扔过去一个花瓶。"莎瑞尔是恋爱脑,她一旦恋爱,眼睛里、脑海里全是男友,她希望男友也能像她这么想——恨不得每天24小时和对方黏在一起。一恋爱她就会完全迷失自己,变得很爱吃醋,最好不要让她看到男友偷看了哪个女人一眼,否则就会有好戏看了。最重要的是,莎瑞尔非常害怕被抛弃。这得从她五岁时她母亲去世说起。她母亲去世没几年,父亲就抛弃了她离家出走了。所以每当她的男朋友表现得有一点点不够亲密时,她就会马上崩溃。她常常浑身颤抖地哭个不停。甚至有一次她气到拿枪对着她男朋友的头,但是她有点记不清这是她瞎想出来的,还是她真的这样做过。

无论是莱尔、布伦达、里卡多和莎瑞尔，还是作为读者的你，都有可能饱受暴怒的折磨。这些不可思议的暴怒事件都可以被定义成一种过度愤怒的体验，它们常常伴随着部分或全部自我意识或行为的失控。事情发生时，这些人仿佛成了另外一个人。一位来访者和我说，有一次暴怒时，他居然从车里跳出来暴打侮辱他的人。他原话是这么说的："我当时顾不上那么多了，从正在行驶的车里跳出来，二话不说，对那人一顿暴打。但我感觉很奇怪，这太疯狂了，好像不是我，而是另外一个人。"

暴怒是一种普遍现象

如果你是一个被暴怒困扰的人，你可能会觉得全世界只有你一个人是这样的。但事实上很多人和你有同样的问题。精神病学家兼作家约翰·瑞迪（John Ratey）在1998年回顾有关暴怒的文献时写道："美国有20%的正常人每天都在遭受自己无法控制的暴怒的伤害。"这句话并不是说这20%的暴怒者经常会因为暴怒而伤人，而是说有许多人的确会控制不住自己而发火。此外，据这些人反馈，他们并不喜欢这种情绪失控的状态，但是当时他们真的无法阻止自己这么做。

我是一名专门研究愤怒的心理治疗师，我的家乡在美国威斯康星州的欧克莱尔镇。欧克莱尔是一个只有六万人的安逸小镇。这里的人们以家为重，有宗教信仰，整座城市都是安安静静的。欧克莱尔镇甚至没有帮派，只有零星几个想加入帮派的人罢了。你可能认为在这样的小镇上几乎不会有前文所说的暴怒者，但你错了。我有一长串来访者名单，他们都有突发型暴怒（sudden rage）的问题：有人爱愤怒尖叫；有人的暴怒问题会反复发作，最后不得不重新找我做咨询；因被抛弃而暴怒的情况在这里也颇为常见，因为欧克莱尔镇与美国其他地方一样，亲密关系普遍存在问题；大规模裁员的现象会让很多员工觉得有一种不可控的无力感；而且，在我们的城市里，很多人会因为别人轻微的冒犯而暴怒不已。更不幸的是，欧克莱尔镇有相当多经受过严重情感创伤的人重新开始生活时，他们常常感到恐惧害怕，整个人都充满了防御性。

我丝毫不怀疑瑞迪的统计结果。我相信至少 20% 的人体验过暴怒。这么看来暴怒足以成为当今美国社会一个比较严重的一个问题了（或许其他国家也是如此）。

暴怒详解

下面让我们来详细地看一下暴怒的主要构成。

暴怒最重要的构成因素，就是过度强烈的愤怒感。但这是什么意思呢？什么程度才算"过"呢？在此我给出一种解释：想象一下，假设每个人都有一个情感容器，这个容器用来盛放我们强烈的情感，比如愤怒。不过准确地说，我形容的容器更像一个气球（而不是盒子）：当你不生气的时候，气球是收缩的；当你生气的时候，它就慢慢地膨胀起来；当你非常生气时，它已经膨胀到一定的程度了，但还没有失控。有一部分人比较具有优势，他们的气球能够随意伸缩，收放自如，不用担心气球爆炸的问题，但大多数人做不到。如果他们越来越生气，他们的气球会因为容纳太多的愤怒让表面变得越来越薄。

容纳情感的气球是不可能永远膨胀下去的，它终将会达到极限。

如果你的情绪气球已经充满，还有多余的愤怒无处安放，这时会怎么样呢？还能塞进去多少气体呢？迟早有一天，气球会爆炸的。

我再做一个类比：想象一下，大雨已经下了好多天了，雨水不断地涌进小溪和河流里，眼看就要发生水灾了。眼前只有一座大坝可以挡住洪水的去路。该怎么办呢？你的情绪大坝可以阻止你的暴怒的洪水吗？答案可能让你意外，对大部分人来说，是可以的。这是因为我们人类的情绪大坝很坚固，可以承受很大的压力，只有百年一遇的洪水才有可能把它冲垮。所以，当暴怒的洪流到来时，你可以在一段时间里打开"泄洪阀门"（比如，暴怒时你暂时离开让自己冷静一下，或者采用其他的愤怒管理方法）。或者，你也可以先保持适度的自信，相信自己的这座情绪大坝足以抵挡住这次暴怒的洪水。

过度愤怒是指情绪气球爆炸或是情绪大坝决堤的那一刻。这是一种情绪超负荷的状态，这种状态会引发各种各样不好的变化，以下是最重要的三个变化。

知觉部分或完全丧失

莱尔说他在发怒的时候，常常忘记自己说了什么或做了什么，这是相当多暴怒者曾有过的体验。很多人在情绪气球爆炸之前，可能还会记得部分他们说过的话和做过的事。但爆炸之后，他们能记起的就非常少了，而且通常这些记忆都只是一种非常模糊的感觉。

莱尔曾经有过因暴怒而短暂失忆的经历。当情绪气球爆炸的时候，影响最大的就是大脑中进化程度更高的负责主动记忆的那个部分。

自我意识部分或全部丧失

生气的时候，布伦达觉得她好像变了一个人，这也是一种比较常见的暴怒体验——你有知觉，但是你会感到奇怪，感觉就像有一个刻薄而暴躁的人正控制着你的身体一样。这种人格转换的程度也分为几种：有的持续时间很短，只丧失部分自我意识；有的持续时间很长，会丧失全部的自我意识。

行为控制能力部分或完全丧失

暴怒事件中最可怕的是行为失控的问题，这种状态下最严重的情况是因暴怒而杀人。还有一种情况是暴怒者破坏他人或自己的贵重物品，或是说一些正常情况下不会说得很难听的话，这种情况已经算是不错的，因为这种破坏力相对而言比较轻微和短暂。一些暴怒者告诉我，在情绪爆发的时候，他们仿佛感觉到心中有两个自己在斗争：一个是毁灭性的、暴力的、愤怒的；另一个是理智的、友善的、平和的。

暴怒是一种人格转换体验

这意味着什么呢？当你对这个世界（或自己）的愤怒多到你无法通过正常的发泄途径来释放时，暴怒就会发生。那个时候，无论是协商、争论还是情绪控制训练都无济于事，按"暂停键"也来不及了，就好比暴怒者用来充满愤怒情绪的气球爆炸了、情绪大坝决堤了。于是你就会变成一个和原来完全不同的人。也就是说，仅仅几秒钟的时间你就完成了人格转换——从原来的自己变成另外一个自己。

从专业层面来讲，上面所说的这种人格转换体验被称为"分离性事件"（dissociative event）。但是我非常不想用这个词，因为这个词很容易让人联想到永久性人格分裂（dissociative disoders），也就是多重人格。当然，我知道在人格分裂的症状中也会存在人格转换现象。我只是想表达，暴怒者的人格转换相对而言是暂时的，是大脑在暴怒时采取的应急措施，一旦紧急情况结束，只需几分钟或几小时，暴怒者的人格就会恢复。"结束了，我不再生气了，我现在可以回来了"这些都是在暴怒者身上常见的潜台词。

而当来访者出现极度暴怒的时候，我确实会用到"多重人格"这个词。因为极度暴怒是指长时间的过于暴力的暴怒行为，而且这种行为是无意识的。这种状态下，暴怒者通常表现得非常警觉（比如四处踱步、大喊大叫或说一些具有威胁的话），此时他们已经完全不是他们自己了，事后暴怒者大多表示自己几乎记不得刚才发生的所有事情，仿佛大脑短路了一样——在行为和意识之间发生了短路。截至目前，还没有科学可以解释这种现象。人们通常会这样认为：这是大脑在极度紧张或被威胁的状态下自动进入的一种"生存模式"，目的是让你生存下来。因此，如果有必要的话，它会指挥你摧毁一切障碍物。大脑的本能决定了你会这样思考："来不及想那么多了，如果有威胁，你就直接行动，去战斗，必要时摧毁一切！"

极度暴怒是最极端和最具破坏性的人格转换类型，是真正的多重人格，爆发时类似于癫痫发作，但又不同于癫痫发作。极度暴怒的形成与重大创伤事件有关，比如暴怒者遭受过像濒临死亡或性侵这类的重大人身威胁事件。

另外，值得一提的是，极度暴怒引起的暂时性失忆不同于酗酒或药物引起的暂时性失忆。酒精性暂时失忆不属于情绪事件，它不是由情绪超载引起的。然而，服用酒精或其他可以改变情绪的药物确实会提高暴怒的概率，让人更容易出现暴怒性失忆的情况。因此，如果你有暴怒问题，建议你避免摄入酒精和此类药物。

暴怒的其他重要特征

暴怒通常是一种过于生气的情绪体验，伴随着知觉丧失、自我意识的丧失、行为失控和人格转换等这些特征。但以下关于暴怒的几个方面也时常被人提起：

- 完全暴怒（totle rage）比最强程度的生气还要强烈得多；
- 暴怒可能发展迅速且毫无征兆；
- 暴怒也可能发展得缓慢而被动；
- 四大诱因下的暴怒类型；
- 暴怒通常是由主观曲解"威胁"而引发的过激行为。

接下来我们将从以下几个方面进行讨论。

完全暴怒

完全暴怒是一种极端的情绪事件，比最强程度的生气还要强烈。当暴怒者完全暴怒时，用"生气"这个词会完全低估他们的感受。将暴怒形容为"生气"，就像把龙卷风形容成简单的"风暴"一样，是极为不妥的。暴怒时，他们不是在生气，而是在发飙。完全暴怒可以说是"愤怒"领域里的顶级飓风，或者是最恐怖的五级龙卷风。完全暴怒会让一个人的身心全部转变，把一个人变成致命的破坏性工具。

在这种状态下，他们的整个身心都会被愤怒吞噬：他们的心脏怦怦直跳；他们握紧拳头，使劲捶打桌子，即使流血了也浑然不觉；他们讲话的声音提高了八度；他们的双腿在颤抖；他们满眼猩红，浑身充血，毛细血管极速扩张。

你可以这样直观地去看待暴怒和一般生气的区别：当你知道别人生气时，甚至非常生气的时候你们还是有办法能在一起沟通的。你有办法让他冷静下来，甚至可以稍微和他理论一下。但是你必须清楚，这些做法对于一个完全暴怒的人来说根本行不通。

暴怒的时候，暴怒者就像把自己关在一个封闭的世界里一样，要么完全听不进他人说的话，要么就把听来的信息全部曲解。他们会把"冷静一下"理解为"你又想控制我"，把"我爱你"听成"我恨你"。

但是，过了几分钟、几小时或几天之后，他们可能会感到无比内疚和懊悔。他们可能会说："我不知道我是怎么了""实在对不起，我并不是故意的，我没想打你的，我保证以后不会再这么做了，请原谅我吧。"

请注意，不是所有的暴怒都是完全暴怒，也有可能只是部分暴怒。我将在本章接下来的部分讨论部分暴怒和临近暴怒状态的区别。首先，让我们来了解一下以下六种不同类型的暴怒情绪。

突发型暴怒

在英国作家小说家罗伯特·路易斯·史蒂文森（Robert Louis Stevenson）的长篇代表作《化身博士》（*Dr. Jekyll and Mr. Hyde*）里，他塑造了文学史上首个双重人格形象——杰基尔和海德。杰基尔医生可以迅速地从正常人转变为残暴可怕的海德先生。这就是一种典型的暴怒反应——突发型暴怒。它是一种迅速的、说来就来、毫无征兆的暴怒体验，这种体验伴随着快速的人格转换。在这种体验中，暴怒者的知觉、意识和行为会部分或完全失控。

突发型暴怒常常毫无征兆，但并不代表这种暴怒是无法预测的。一些征兆可以提前告诉你，暴怒快来了！比如，心里有越来越多不良的情绪，或者感觉自己快要崩溃了，等等。这些征兆都非常有价值，可以让你提前远离人群、及时吃药、接受情绪控制训练、学会放松，或者找可以帮助你的人倾诉，把暴怒扼杀在摇篮里。不过突发型暴怒通常没有什么特别的征兆或标志，在旁观者看来，一些微不足道的小事都有可能超出你的承受范围，让你马上情绪失控。你开始大喊大叫、威胁、恐吓、攻击身边的人，你的情绪就像在畅通无阻的道路上猛踩油门，速度从0突然飙升到100迈[①]。在这个时候，安慰的话充其量只是杯水车薪，因为你已经听不进任何人说话了。只有把自己身上的能量耗尽，你才有可能停下来。

本书的第3章将为大家提供应对突发型暴怒的指引和帮助。

累积型暴怒

暴怒并不全是突发性的，有时候它是在你认为非常不公平的时候慢慢从心底滋生出来的。这种怒火就像地底下的火焰，在你的潜意识下闷烧多年，直到它们最终爆发出来，这就是累积型暴怒（seething rage）。这种愤怒可以是长期累积下来的对某个人或群体的愤怒，比

[①] 100迈是指行车速度为100英里/小时。1英里≈1.61千米。——译者注

如，一个人因为受到迫害而难以释怀，对伤害他的人产生道德上的评判和怨恨，致使他发生人格改变或产生报复性想法，还会对伤害他的人蓄意报复（有时）。累积型暴怒者总认为伤害他们的人内心邪恶、道德沦丧，甚至思想变态。我们将在第4章中详细描述累积型暴怒。

四大诱因下的暴怒类型

发火并不是一种愉快的感觉，所以人们不会因为喜欢发火而发火（尽管有些人可以利用发火来达到自己的目的）。暴怒绝不会是一种舒服的状态，它常常让人筋疲力尽，而且很危险。并且暴怒通常是由让人痛苦的经历引发的，甚至还有一些是由重大的生命威胁引发的。

暴怒因触发因素不同可以分为四种类型。

首先，最直接的一种状况是人身威胁。如果暴怒是为了帮助你在充满威胁的环境中生存下来，那么这种类型的暴怒就是生存型暴怒（survival rage）。除此之外，还有其他三种状况会引发暴怒情绪。

其次，如果你无法控制自己的生活，或在重大事件上因无力感（比如你有可能被公司裁员）而引发暴怒，那么这种类型的暴怒就是无力型暴怒（impotent rage）。这种暴怒类型常常用来形容穷途末路、无能为力时的愤怒。很多人在亲人去世后对着天空绝望地哭诉，想要亲人复活，但这根本无济于事。

再次，当你被批评、羞辱或者觉得尴尬时，也会暴怒。虽然有时别人不是故意侮辱你，但你同样会反应强烈，这种情况便叫作羞耻型暴怒（shame-based rage）。暴怒时，你会对羞辱你的人进行口头攻击甚至人身攻击。

最后一种状况来自孤独、焦虑和不安全感。比如，你的伴侣告诉你他爱上别人了，但你还想挽回这段感情。于是你拼命给他打电话，好不容易电话接通了，你想要对他说的那些感人的话却变成了咆哮："渣男！可恨！无耻！永远也不要再见到你！"在那一刻，你的暴怒是一种被抛弃型暴怒（abandonment rage）。

很多时候，生存型暴怒、无力型暴怒、羞耻型暴怒以及被抛弃型暴怒这四种暴怒是相互叠加在一起的。每种暴怒都或多或少会与你有一些联系：首先是身体上的安全需求（生存型暴怒）；其次是希望在能力上得到认同的需求（无力型暴怒）；然后是希望在社交中得到尊重的需求（羞耻型暴怒）；最后是被爱和被照顾的需求（被抛弃型暴怒）。尽管这四种需求的角度不同，但它们都有一条共同的主线——这个世界太危险了，我要生存下去。

现在我已初步介绍了六种不同类型的愤怒。按发展速度可以划分为两种：突发型暴怒和累积型暴怒；按威胁类型可以划分为四种：生存型暴怒、无力型暴怒、羞耻型暴怒、被抛弃型暴怒。在随后的几章中我会对这六种暴怒做更详尽的探讨，同时会提供一些控制暴怒的方法和建议。

暴怒是一种扭曲的危机感

我们身体的每一项机能都有其存在的价值和意义。愤怒，在某些情况下也有其存在的价值，最直接的价值就是愤怒可以帮你应对人身威胁。打个比方，假如有人拿着刀向你跑来，这时的情形不容许你慢慢思考。在这种情况下，无论做什么，只要能摆脱危险，都会好过理性的思考。这时干脆什么都不想，为了活下去，拼了！

有可能即使你经常暴怒，但是却很少遇到有威胁性的情况。这样的说法乍听上去好像没有道理。因为你会想，只有人们受到威胁时才会暴怒呀。没有直接的实际性的威胁，你也会暴怒，是什么意思呢？它是指你感到自己被严重地威胁了，但这种觉知是假的，是你对周围世界的曲解而造成的。主观上你可能感觉自己经常被伤害，这个世界对你来说是充满危险和不安全感的，你感觉自己生活的周围都是坏人，都是要害你的人，处处都有危险，然而实际上可能并不是这样的，这些都只是你个人的错误解读而已。

但为什么你会有这种错误的解读呢？也许，你曾受到过严重的人身威胁或伤害；也许自己没有这样的经历，但是从小被父母灌输"这个世界上到处都是坏人"的观念而产生了一种强烈的不安全感；也许你的大脑受到了轻微的损伤，导致自己容易误解别人的意图。

这种紧迫的威胁感会在暴怒时占据你的大脑。这时，"放轻松，别太在意"这类的话没什么用，因为你根本放松不下来，要是能做到的话，你早就放松下来了。这种状态下，你会不自觉地生气，别人说任何一句话都只能让你更生气（尤其是"你冷静一下，清醒点"这类的话）。此时几乎可以认定，你和愤怒已经融为一体了，你的认知产生了严重的扭曲，你觉得周围人都要害你，你必须保护好自己。愤怒时刻，你会认为自己处在一个充满敌意的世界里，你必须要保护自己安全。这时，你的大脑只有一个任务：找到危险，并消灭它。

于是，你的行动开始受到这种观点的支配。当暴怒的时候，你的脑海里根本没有"凡事都要有节制"这个概念，而是想着"一切都太过分了"！所以你会变得很冲动。你可能会恶语伤人，还有暴力倾向。而且，按照人格转换的逻辑，你会做出平时自己绝不会做的事情。事后，你可能会完全不记得了。但是你确实做了，现在你需要为你的行为负责。

部分暴怒和临近暴怒

　　幸运的是，并非所有的暴怒都是完全失去理智的。大多数情况下，人们在暴怒时只是部分失控。例如，据一位名叫赫姆的来访者反馈，他在和人打架的时候，非常冲动，一下子将对手打倒在地，然后想要对准对方脑袋踢上一脚，可赫姆的脚还没落下就停了下来——很多时候，人们虽然很生气，但未必真的会做一些伤人犯法的事情。尽管他们"很想掐死对方"，但还是会设法控制住自己。这种情况被称为部分暴怒，因为即使在暴怒的时候，个体还会保留一定的自控力。你最多会破口大骂，但绝不会动手伤人；或用摔打无关紧要的物品来代替动手打人；或在开始大打出手的时候就收手了。至于人格转换，当你只是部分暴怒时，你可能只是在正常的自我和愤怒的自我之间纠结了一下，马上又恢复了正常的自我，你得以平静下来，也可能还有点生气，但不再是暴怒的状态了。

　　还有一种情况，就是在暴怒之前你制止住了自己。这种情况被称为临近暴怒，也就是说，在你快要发火的时候想各种办法制止住了自己。比如我的来访者艾丽，一位中年家庭主妇，在老公醉酒而归后勃然大怒。她回忆说："当时他醉倒在地板上，不省人事，浑身酒气，衣服上都是酒后呕吐物，我叫他滚回房间去睡。可他根本听不到我讲话。我真想踢他，打他。我能感觉到自己要失控了，但后来我还是冷静了下来，虽然我自己也不知道自己是怎么做到的，但我的确停了下来。后来我没管他，自己一个人回房间睡了。"

部分暴怒和临近暴怒代表了强烈气愤与暴怒之间的灰色地带。它们表明，至少在某些时候，你还是有能力控制住自己的。这是好事，这意味着你可以利用情绪管理工具，比如"暂停"一下，用冷静的想法代替愤怒的想法。这些工具可以帮你更好地控制暴怒，并且能为你提供更好的方法来应对困境。

暴怒的代价非常昂贵

这有一个暴怒男的故事。"我当时彻底失控崩溃了。我开始对我老婆大喊大叫，让她闭嘴。我还踢翻了放着她重要物品的桌子，然后打了她一耳光，后来我的孩子报了警。现在我被警察下了禁令，不能和妻子说话。我多么希望她能够让我回家啊。天呐，我为什么会做出这样的蠢事？"暴怒男懊悔地说道。

暴怒，尤其是突如其来的暴怒，背后的代价都很高。事实上，暴怒是很少有人能负担得起的奢侈品。暴怒的代价，你是否听说或经历过呢？

- **失去自由**。监禁、禁制令、被强制送去改造。这些都是暴怒常见的后果。
- **对他人的伤害**。伤害他人，伤害你爱的甚至是你想保护的人。事后你会非常内疚，但是伤害已经造成。
- **关系破裂**。婚姻破裂、和朋友闹僵、亲情疏远，毕竟，谁会愿意陪在一个随时可能会失控的人身边呢？
- **违背对自己的承诺**。你发誓不会重蹈覆辙，结果一次又一次地发脾气。

- **被处分、停职、失去工作。**在工作或学习中发脾气的人往往会亲手断送自己的前程。
- **经济压力。**重新置办打碎的东西、付律师费、巨额赔款、失业，暴怒带来的经济后果非常严重。
- **不被信任，令人恐惧。**易怒者让人害怕、让人不敢信任。暴怒让你失去了亲人的信任，这种感觉让人很绝望。孩子们害怕你，所以在你回家的时候，他们都赶紧躲进了自己的房间，这种感觉也同样让你不好受。
- **偏执、被害妄想和被孤立。**随着时间的推移，累积型暴怒者往往会变得越来越不容易信任别人。你会不断地想起自己受过的伤害和那些伤害过你的人，导致你越来越多疑，几乎认定每个人都想害你。你断绝了和他人的联系，但这只会给你带来更多困扰。
- **讨厌自己。**当你无法控制自己的情绪，伤害了你爱的人，你很难自我感觉良好。暴怒者经常会把愤怒情绪转移到自己身上，比如：抽自己耳光、撞墙，以此来惩罚自己；或是暴怒之后，暴怒者一直沉浸在内疚和自责之中，甚至想结束自己的生命。

假如你是暴怒者，你的生活很可能是艰难而痛苦、残酷而孤独的。周期性的失控会让你的生活变得一团糟。没有人能预测接下来会发生什么状况，包括你自己。谁能预料你什么时候会再次变成一个怒气冲冲的疯子？然后会做些什么？又打烂什么东西？谁又会被打伤？这次你又伤害了谁的感情，还能否挽回？

这种情况不能再继续下去了。暴怒行为的好处太少，代价太高。这必须得改变，而且刻不容缓。如果你想要寻求一些方法有效地摆脱暴怒，那么这本书可以帮到你。

现在是关键时刻，我们来检测一下，看自己是否属于暴怒者。

测一测你是否属于暴怒者

你可能是出于好奇才关注到这本书，也可能是因为需要和暴怒者打交道或者家中有暴怒者，也有可能你想知道自己属不属于暴怒者。如果你关心的是最后一个问题，那么请完成下面的问卷。问卷调查结果将会帮助你找到答案。如果你的确有暴怒问题，这个问卷还可以帮助你确认你的暴怒类型。

暴怒情绪类型调查问卷

问卷说明： 结合自身的实际情况，选出最佳答案。

选择 Y——我偶尔会这样。

选择 N——我不会那样做，也不会那样想。

选择 M——也许吧。我不确定。

选择 *——会，而且非常严重。

突发型暴怒指标

1. 我的愤怒来得迅速且猛烈。_____
2. 我非常生气，言行都失去了控制。_____
3. 当我很生气的时候，周围的人说我行为反常，可怕而疯狂。_____
4. 当我非常生气的时候，我的大脑会暂时性失忆（并不是因为醉

酒或吸毒），所以我不记得自己说了什么、做了什么。_____

5. 生气的时候，我担心自己会误伤身边的人或失手杀人。_____

6. 当我生气的时候，我觉得自己变成了另外一个人，一点儿都不像平时的自己。_____

7. 当感觉别人侮辱或威胁我的时候，我会非常生气。_____

8. 我生气的时候会大喊大叫，虽然有时只持续了很短的时间。_____

请在此处写下 1~8 题标记 Y 或 * 的数量：_____

累积型暴怒指标

9. 我会忍不住回想过去被侮辱或被伤害的经历。_____

10. 随着时间的推移，面对过去被伤害或被侮辱的经历，我的愤怒会越来越强烈，而不是渐趋稳定或减弱。_____

11. 我有时会幻想报复伤害或侮辱我的人。_____

12. 那些伤害或侮辱我的人，我恨死他们了。_____

13. 我对想要逃避责罚的人感到愤怒。_____

14. 我很难原谅别人。_____

15. 我怒火中烧，但不会表达出来。_____

16. 为了报复伤害或侮辱我的人，我会故意在身体上或语言上伤害他们。_____

17. 我会对别人做过的伤害或侮辱我的事怀恨在心。_____

18. 我认为某个特定的人、团体、组织或机构应该为我的不幸买单。_____

19. 有人跟我说过，是时候向前看了，不要沉溺于过去。_____

请在此处写下 9~19 题标记 Y 或 * 的数量：_____

生存型暴怒指标

20. 我和别人打架的时候，人们很难把我拉开。_____
21. 我非常生气时，会威胁说要重伤甚至杀了别人。_____
22. 在某些情况下我很容易受到惊吓，比如有人从后面拍我肩膀的时候。_____
23. 我生气的时候，会像生命受了威胁一样要和别人拼命。_____
24. 当我觉得有危险时（不管这种危险是客观存在的还是主观臆断的），我会勃然大怒。_____
25. 朋友们认为我有妄想症——我总感觉周围的人会伤害我。_____
26. 当生气和害怕两种情绪交织在一起时，我会有或战或逃反应（fight or flight reaction）①。_____

请在此处写下 20~26 题标记 Y 或 * 的数量：_____

无力型暴怒指标

27. 当人们忽略我讲的话或不理解我的时候，我就想发火。_____
28. 只要我有"我再也受不了了"这类念头时，我就会勃然大怒。_____
29. 当我遇到无法控制的情形，我感到既无力又愤怒。_____
30. 一旦对事情失去控制，我就会气得跺脚，摔东西，大声尖叫。_____
31. 当我非常生气的时候，我会控制不住做出一些鲁莽的事，即便

---

① 应激条件下机体行为反应的一种类型。这种反应可使躯体做好防御、挣扎或者逃跑的准备，应激反应的中心位于丘脑下部。——译者注

这些行为会让问题变得更糟。_____

32. 我对那些想要控制我或者控制过我的人心怀仇恨。_____

请在此处写下 27~32 题标记 Y 或 * 的数量：_____

羞耻型暴怒指标

33. 人们不尊重我会让我感到生气。_____

34. 我会强烈捍卫我的好名声和好形象。_____

35. 我经常会担心别人觉得我愚蠢、丑陋或无能。_____

36. 别人对我的贬低会让我久久不能释怀。_____

37. 有人说过我对别人的批评太敏感了。_____

38. 如果有人使我尴尬，我会非常生气，比如有人指出我的过错。_____

39. 当别人忽视我时，我会很生气。_____

40. 有时别人一句无心的话都会让我感到生气。_____

41. 对我来说，愤怒感，甚至是非常强烈的愤怒感，也比被羞辱的感觉要好一些。_____

在此处写下 33~41 题标记 Y 或 * 的数量：_____

被抛弃型暴怒指标

42. 我一想到自己会被抛弃或背叛，我就会怒不可遏。_____

43. 我的嫉妒心很强，这让我备受困扰。_____

44. 当有人对我说"我很在意你"的时候，我会本能地去寻找他并不在意我的证据，因为我不相信他。_____

45. 被我爱的人忽视，对我来说是无法忍受的。_____
46. 我的父母或伴侣曾经离开（或者忽视、背叛）我，我很想报复他们。_____
47. 我经常感觉自己被伴侣、孩子或朋友欺骗，因为我给予他们的爱、关心和关注比他们给予我的要多。_____
48. 当我气疯的时候，任何关心的话或解释对我来说都没有用。_____

在此处写下 42~48 题标记 Y 或 * 的数量：_____

问卷说明： 这份问卷并没有对各种类型的暴怒设定最低分值；相反，只要你在任何一题上回答了"Y"或"*"都意味着你可能有暴怒倾向。一般来说，答卷里的"Y"或"*"越多，你出现的暴怒问题就越严重。而在某种特定暴怒类型里的"Y"或"*"指标越多，你就越可能会出现该类型的暴怒问题。

现在，如果你已经完成了问卷，请回答以下两个问题：

你觉得自己有暴怒倾向吗？
_____
_____

你为什么会这么认为呢？
_____
_____

暴怒者如何自救

　　暴怒是一个很严重的问题。如果问卷显示你有暴怒问题，那么你需要尽快采取行动。在接下来的阅读中，你可以着重阅读与你相应的暴怒类型的章节。但首先，你可能要想想，究竟是什么会让你成为暴怒者，这也是下一章的主题。

Rage

Rage

A Step-by-Step Guide to Overcoming
Explosive Anger

第 2 章

我们为什么会暴怒

Rage

Rage

暴怒的根源

有暴怒问题的人几乎都会问自己这些问题:"我为什么会暴怒?我和那些没有暴怒问题的人有什么不同?这是先天形成的还是后天形成的?"这些都是非常重要的问题,如果你能找到答案,就能更好地摆脱暴怒。然而,这些问题都不容易回答。暴怒没有单一的诱因;相反,造成暴怒问题的因素有很多,某个因素可能对这个人至关重要,却对另一个人无关紧要。在本章中,我们将对暴怒最常见的一些原因进行深入的探讨:大脑缺陷、情感创伤、滥用药物、教养模式、暴怒的好处、暴怒的快感,以及由被羞辱和被遗弃的经历引起的过度反应,等等。

首先,让我描述一下正常的儿童和青少年的成长模式,为控制暴怒提供一些背景信息。

暴怒和乱发脾气之间的关系

所有父母都知道,儿童和青少年通常比成年人更难控制自己的暴怒情绪。为什么?主要是因为我们控制愤怒和冲动的大脑功能在我们25岁之前发展得非常缓慢。尤其是前额叶,它是帮助我们缓解敌对心态的大脑器官,它能帮助我们用积极的想法来替代消极的想法,并且能让我们从道德的角度去思考他人的利益和处境。所以,一般的孩子都免不了偶尔乱发一下脾气,比较常见的就是十几岁的孩子经常气呼呼地回到自己的房间,然后忿忿不平地叫嚷着他们的父母太笨了,不理解他们。

然而,并不是每个孩子都有暴怒问题。暴怒和发脾气不同。一个孩子发脾气往往是有目的的,但如果一个孩子暴怒的话,那他就只会一门心思地搞破坏了。

尽管如此,大多数孩子在成长过程中,控制愤怒的能力依然会逐渐提高。但对另一些孩子来说,情况就不那么乐观了,这些孩子天生脾气暴躁,他们在压力大的时候很容易心烦意乱。

吉米就是一个例子。

> 吉米是一个很难控制住自己脾气的孩子,他来接受心理治疗时只有10岁。在一次治疗结束的时候,吉米问父亲能否在回家的路上带他去吃汉堡。父亲回答说不行,因为他需要尽快赶回家去参加一个会议。吉米听到后立刻暴跳如雷,他全身颤抖、嘶吼、号啕大哭,扬言要先杀死父亲后再自杀。他发起火来简直毫无逻辑可言,却又完全无法控制自己。没想到事情发展成这样,他的父亲后悔极了,早知道就答应带吉米吃汉堡好了,但事情发展到现在,已经于事无补。他做什么都没有用,唯一能做的就是保护好吉米(和他周围的人)的安全。25分钟后,吉米的暴怒终于渐渐平息下来了。然而,事后吉米并不记得发生了什么。

另外一个案例的主人公叫杰夫,他是一名14岁的青春期少年。

> 杰夫只会在家发脾气,也许是因为只有在家时他才可以放

松做自己，不用像在外面时那样强撑着。杰夫每次暴怒之前，都会像躁郁症患者一样，在极度焦虑和极度抑郁之间徘徊，非常难受。杰夫每次都要先和这种感觉抗争大概一刻钟到一个小时，然后才爆发，而且每次暴怒都免不了打烂自己或家人的东西，父母的阻拦只会让场面变得更加糟糕。暴怒平息后，筋疲力尽的他常常需要睡上几个小时才能完全恢复体力。

20世纪90年代末有两本关于青少年暴怒问题的书，我个人非常推荐。第一本是哈佛儿童心理学家罗斯·格林（Ross Green）在1998年出版的《暴脾气小孩》(*The Explosive Child*)。第二本是德米特里·帕帕波斯（Demitri Papolos）和贾尼思·帕帕波斯（Janice Papolos）夫妇在1999年出版的《双相情感障碍儿童》(*The Bipolar Child*)。格林笔下的"暴脾气小孩"顽固、适应能力差、抗压能力极低、社交技能匮乏，高度焦虑和易怒。这些孩子通常在思考和理解问题上都存在一些困难，他们还不太会整合自己的感官感受，所以当较多感官信息叠加在一起时，他们就不知道该怎么做了。当这种类型的问题频繁发生时，孩子们就会精神崩溃，就像吉米表现出来的不连贯的暴怒状态一样。

帕帕波斯夫妇则描述了双相情感障碍儿童的暴怒问题，这些问题往往是由于父母限制他们的行为而引发的。例如，一个简单的"不"字可能引发一场癫痫般的狂怒——孩子会咬人、打人、拳打脚踢、扔东西或破口大骂。他们举了一些例子，这些孩子有时一天会发好几次这样的脾气，每次甚至长达三个小时以上。

显然，暴怒儿童和双相情感障碍儿童在处理挫折的能力上与正常儿童是不一样的。你也许会想，一些问题有没有可能是由于大脑发育异常而引起的，帕帕波斯夫妇认为是有这种可能的。他们认为，当大脑中控制情绪的边缘系统①受损时，孩子就可能出现这种问题。如果这种说法成立的话，那么很多情况就比较容易解释了，比如为什么孩子难以冷静下来，以及为什么只要稍微违背他们的意愿他们就会勃然大怒等。

大脑损伤或缺陷也可以解释部分成年人暴怒的问题，我们很快就会谈到。但首先请你思考一下：你是否了解自己童年时期的暴怒经历？你是否经历过如上述孩子们一样的崩溃状态？多久发生一次？是否严重？你和你的父母、心理医生都采取过什么样的方法来帮你应对暴怒情绪呢？

暴怒和大脑发育缺陷之间的关系

乔算术很好，但记忆力很差。露易丝很有艺术天赋，但不能很好地把自己的创意表达出来。蒂娜有社交天赋，但逻辑推理能力比较差。他们都有着不完美的大脑，我们每个人也一样。每个人的大脑功能都不是十全十美的。我们每个人的大脑都有自己的短板，不知何故，我们的大脑还时常会出现点问题。

有些人就更不走运了，他们的大脑的情绪控制力很差。出现这样的情况，可能是遗传因素、精神疾病、身体伤害，甚至是心理创伤造成的。不管是什么原因，情绪控制力的不足使得他们更容易暴怒。

---

① 由扣带回、海马体、下丘脑、丘脑前核、杏仁核、乳头体、隔区等部分组成，因位于大脑半球的边缘而得名。与情感加工有关。——译者注

情绪非常复杂，我们之所以拥有各种不同的情绪，是因为我们需要它们。情绪就像信使，传递着重要的信息。"快乐"的信使会说："我现在感觉好极了，继续做吧。""悲伤"的信使则说："我好想他。你就不能让他回到我身边吗？""愤怒"的信使说："臭死了！我非常不喜欢它。让它给我停下来！"

一个运转良好的大脑可以同时处理好几种情绪：首先，大脑搭建了能创造情感回应的电路或化学路径，这意味着大脑会产生一些情绪信使，并传送出去；其次，大脑带我们去理解这些信息（比如"我现在感觉很焦虑"）；最后，大脑也必须懂得抑制一些信息，这样它们就不会被无止境地传递下去，或者累积得太多，这就像在告诉信使"好的，谢谢。我知道了。但是现在没你什么事了"。

总之，这个过程挺复杂的。此外，大脑并没有一个专门负责调节所有情绪的"机构"。的确，大脑的边缘系统（如杏仁核、透明隔、扣带回和海马体）都被认为与情绪密切相关，也有观点认为它们可能是大脑的情绪控制中心，但是大脑中还有许多其他的组成部分，比如前额叶、颞叶、中脑导水管周围灰质、基底神经节和小脑，也具备一定的情绪调节功能。这意味着，如果你想成为情绪的主人而不被它奴役，就得保证大脑的这些区域全部运转良好。这也意味着，如果这些区域中有一个区域出现差错、发育不良甚至缺失的话，情绪控制就会变得非常困难。

一直以来，世界上约有 10% 的人大脑缺乏血清素，而血清素是一种神经递质，它们通过大脑神经元之间的微小间隙传递递质信号。缺乏血清素会让人变得忧郁，没有活力，感到绝望。缺乏血清素的人经常被诊断出患有重度抑郁症，但血清素的作用不仅仅让人感觉精力充沛，它还对控制冲动有帮助。所以，许多抑郁症患者会突然暴怒。他们可能会把这种愤怒发泄在外部，形成非理性的暴怒；或者把这种愤怒发泄在自己身上，进而引发自杀的倾向。

此外，还有另一种神经递质叫多巴胺，当多巴胺过多（请注意不是过少）时，很容易引发暴怒。毒品往往会诱发暴力问题，其中一个重要的原因就是可卡因和甲基苯丙胺提高了大脑释放多巴胺的水平。

激素失调也会影响你控制愤怒的能力，增加你的攻击性。不难理解，睾丸激素水平相对较高的雄性会比其他雄性更具有攻击性。但最近的研究也表明，雌性激素对男性和女性的攻击性也会有一定的影响。更有趣的是，这两种激素似乎都容易放大和扭曲人们对威胁的感知。如果你误解了别人，以为对方刻薄、没有礼貌，那么你可能就会生气，甚至用生气、攻击和发怒来反击对方。月经到来之前，一些女性激素的变化比较明显，致使她们比平时更容易发怒。很多女性来访者反映自己每个月有三周的时间会出现"愤怒"问题，但她们只有在月经快要到来之前的几天才会容易出现"暴怒"问题。

暴怒时大脑的状态

丹尼尔·亚蒙（Daniel Amen）是一位知名的美国大脑专家，他发明了单光子发射计算机断层扫描（single-photon emission computed tomography，SPECT）的特殊技术来研究大脑中的血液流动的特点。他认为，在大脑执行特定任务时，血液会流向大脑当时最活跃的部分。亚蒙通过比较不同的人在做同样任务时的照片，就能判断出此人大脑某个部分的活跃程度。1998 年，在《大脑中的火焰风暴》

（*Firestorms in the Brain*）一书中，亚蒙描述了三种常见的可能引发暴怒问题的大脑功能障碍。

第一种障碍是前额叶皮层活动减少。对于暴怒者来说，当他们试图集中注意力时，他们的前额叶皮层的活动量通常会减少，这种情况通常与注意力缺陷障碍（attention-deficit disorder，ADD）有关。当然，不是每个人都患有 ADD，也不是所有暴怒者都患有 ADD。前额叶皮层活动减少有可能意味着，当问题出现时，这类人难以集中注意力去解决问题，也难以控制自己的情绪和行为。

第二种障碍是前扣带回皮层过度活跃。暴怒时，暴怒者的前额叶皮层活动减少，但大脑的另一部分——前扣带回皮质却过度活跃。前扣带回位于胼胝体（大脑中连接左右脑的部分）的正上方，前扣带回皮层活跃表明它在高负荷运转。有此类大脑缺陷的人经常会陷入消极的思维模式中，他们无法与问题和解，反而沉迷其中。当你一直抱着问题不放时，问题往往会在你脑中恶化，变得让你无法忍受，不得不与之抗争。为了让大家更好地理解这种障碍下暴怒者的行为模式，我们来给大家举个例子：

> 爸爸让儿子去倒垃圾，儿子一边答应着，一边却在他面前小声抱怨。相信所有的爸爸看到儿子这样的行为都会不高兴，但大多数爸爸会耸耸肩表示算了，将其归咎于儿子太小不懂事。然而，如果这是一个前扣带回皮层过度活跃的爸爸，他可能对儿子的抱怨耿耿于怀几小时甚至几天的时间，直到逐渐形成累积型暴怒。当这位父亲的愤怒像火山一样爆发时，他会冲进儿子的房间，要求早已忘记这件事情的儿子向自己道歉。这时如果妻子过来劝解，试图让老公冷静的话，他很有可能反过来指

责妻子总是站在儿子一边。

第三个与暴怒有关的大脑障碍是左颞叶的活动异常（包括过多或过少）。左颞叶是大脑左侧的一个体积比较大的组成部分。左颞叶活动异常容易导致人们脾气暴躁。左颞叶活动异常的人经常反映他们很容易迅速进入暴怒状态——这是典型的突发型暴怒反应。

如果你不幸同时拥有这三种大脑障碍，会变成什么样子呢？举个例子来说，假如某天晚上，朋友答应开车接你去参加一个聚会，但是他后来忘记了，你等了很久他也没来，于是你决定自己开车过去。一路上，你来回思考朋友对你的"失礼"，左思右想，想不出到底为什么他说话不算数。即便你已经尽了最大的努力来保持冷静，愤怒还是让你无法集中注意力，并且此时你满脑子都是他无礼的样子，根本没有办法冷静下来。所以当你到了现场，便立刻冲到你朋友面前，对他说出了你脑子里想到的第一句话："混蛋！我要杀了你。"接着你会对你的朋友大打出手。

大脑功能障碍引发的暴怒问题是可以通过药物来缓解的。现在不乏有效的药物能够治疗大脑情绪调节异常的问题。例如：哌甲酯类精神刺激药物有助于提升前额叶皮层的活跃度，服用后可以帮你集中注意力解决问题；抗抑郁的药通常可以减少强迫性的消极思维；而抗惊厥的药，如卡马西平、丙戊酸钠和拉莫三嗪，对左颞叶活动异常有治疗作用。

如果你的暴怒问题频繁发生，特别是你不断尝试阻止暴怒，但还是以失败告终，那么这时你应该考虑服用药物，这才是明智的选择。如果你在暴怒发作时容易伤及他人，那么服用药物也是非常有必要的。关于是否需要服用药物，我们的底线是一定要防止暴怒时做出危险的事情。如果你在家人、朋友、宗教人士或训练有素的心理咨询师的帮助下，还是无法阻止暴怒，那么你就有必要暂且放下你的固执己见，去寻求医疗救助。请务必确认你的求助对象中有资深的心理学家、精神病学家或愤怒管理专家，你需要好好地和他们谈谈你的暴怒模式。

在所有关于暴怒的讨论中，还有一个问题必须提及，那就是由情感创伤引起的大脑损伤。接下来，我们将讨论一下暴怒与超负荷的压力、情感创伤之间的关系。

暴怒和超负荷的压力、情感创伤之间的关系

压力是一种生理上、精神上或心理上的紧张反应。人们早就知道，适度的压力能让人精神振奋。试想一下，如果一点儿压力都没有的话，又有多少人能按时完成工作？有多少人能心甘情愿把工资上交给老婆？有多少人在吵架时愿意主动向伴侣认错？然而，当面对超负荷的压力时，人们的表现往往不尽如人意。

我们假设一下，在短短几个月里，以下所有的这些遭遇同时发生在了你身上：你浑身疼得厉害；你的孩子得了重病卧床不起；你降薪了，入不敷出；你最好的朋友——唯一一个可以倾诉的人也搬去了另外一个城市；你的伴侣开始向你提离婚诉讼了。

这些加起来是一种非常大的压力。你有可能是世界上极少数的抗压天才，能够安然度过这些焦虑的日子；也有可能和大多数人一样，难以走出这排山倒海般的噩梦。在这种情况下，也许你会感到沮丧、

绝望；也许你会焦虑，睡不着觉；也许你会把自己关起来，逃避所有的人和事；也许你身心麻木，疲惫不堪；也许你忧心忡忡，愁眉苦脸。一种恐慌感笼罩着你，你的暴怒一触即发。

当然，不是所有人在压力下都会变得暴躁，但对那些脾气本来就不好的人来说压力确实是个问题。平日里他们也许还能控制一下自己的情绪，但在压力大的时候，很少有人能控制住自己。如果你也是这样，正面临着类似的种种压力，那么你很容易暴怒。

所以，想象一下，假如你辛苦工作了一天，处理了很多焦头烂额的事情，好不容易下班了。在开车回家的路上，你遇到一辆红色敞篷车，车主故意抢了你的车道，而你平生最讨厌的就是这种不遵守交通规则的人。结果，几分钟过去了，你还被困在原来的车道里龟速前进。这时你抬头一看，那个开敞篷车的家伙居然就在你的前面！他看起来像没事人一样，一副得意扬扬的样子。一刹那，你的火气噌噌上蹿，于是你对着敞篷车狂按喇叭，疯狂开骂，真想狠揍他一顿。你使劲儿挑衅他，好在这个家伙还算识趣，否则你一定会让他领教你拳头的厉害。

过往经历也是引发暴怒的另一个压力来源。童年、青春期甚至是成年早期有一些可怕的或者威胁生命的经历，会造成一个人的心理创伤，甚至是脑损伤。脑损伤会直接影响到你的情绪控制能力，引发暴怒问题。严重的情感创伤，特别是人身威胁、被强暴或亲眼看见杀人事件这一类的经历，都可能会让一个人的大脑出现永久性的变化。这些变化的出现本来是为了保护创伤幸存者在这个"危险"的世界里生存下来。比如，为了达到这个目的，创伤幸存者会对任何威胁迹象保持高度警觉，不过他们有时也会对威胁产生过度的反应。这样一来反而会出现一些新问题，比如，有人可能会因为对威胁误判而产生错误的自卫行为。

我会在第 5 章详细地介绍与创伤相关的脑损伤问题。

你的暴怒倾向多大程度上和你的精神压力相关？如果你的答案是很相关，那么你就需要好好学习一下如何管理压力。

暴怒与酒精、毒品和处方药之间的关系

星期一早上，发生了一件很突然的事情，19 岁的大学新生杰克被勒令退学了。他上个周末都在外面酗酒而且他还服用了多种药物——止痛药、安非他命和一些不知道里面是什么成分的"绿色小药丸"。上高中的时候，杰克并没有酗酒或吸毒的记录。但是现在离开父母的管束，他就放飞自我了。不幸的是，杰克喝了酒、吸了毒以后，常常变得十分暴力。就在上周末，他差点又在酒吧和别人打起来。

周一早上，杰克被室友豪伊从几种影响精神和情绪的药物和酒精中摇醒。被摇醒后，杰克大发雷霆，把豪伊打伤了。后来他说："我真的不记得发生了什么事。我只知道我打了豪伊，怎么也停不下来。我好像抓住了他的脖子，想掐死他。但他是我最好的朋友呀。"后来伤势严重的豪伊被送往了医院，杰克被勒令退学，有可能还会面临一年以上监禁。

杰克的暴怒模式非常明显——由酗酒和吸毒而引发的暴力问题。尽管杰克的表现并不是每次都一样，但已经可以非常清晰地看到他的

暴怒模式了。杰克是那种"不能被纵容"的人,他以后得严格控制酒精和毒品的摄入,以免再次发生暴力事件。

即使杰克戒了毒品和酒精,也并不能说他就不会再暴怒了。毒品和暴力(包括暴怒)之间的关系颇为复杂,摄入酒精或毒品可能会造成以下后果。

- **释放积攒在心中的愤怒**。人们经常说的"老子忍你很久了",说的就是这种情况。也许你在酒精和毒品开始起作用前在内心就对某个人不满了,只是一直没有表现出来。酒精和毒品可以把一个人埋在心里的愤怒催化成实实在在的拳头。不过请注意,你内心是允许这种暴力发生的,甚至对这种暴力怀有一丝期待和渴望。这意味着你暴力倾向的导火索可能不是毒品或酒精,而是你原本在潜意识里就有想要打人的想法。喝酒和吸毒只不过是有意无意地帮你壮胆,催化了你的暴怒罢了。
- **人在醉酒时更加易怒**。所以,人们常说"不要在我喝醉的时候惹我",就是这个原因。
- **暴怒可能是酒精或毒品戒断反应(abstinence reaction）[①]的一种**。杰克的行为便属于这种情况。
- **吸毒引起的脑损伤可能会导致永久性人格改变,从而增加暴怒的可能**。例如,如果摄入过多的安非他命(苯丙胺或冰毒),你会越来越不理智,最终患上妄想症或偏执型精神分裂症。
- **酒精和毒品会让你积攒愤怒而不是减少愤怒**。例如,吸食大麻的

[①] 由于反复用药导致机体所造成的一种特殊状态,这种状态使得当中断用药时产生一种强烈的机体方面的损害。——译者注

人会说有时大麻会让他们变得成熟稳重。然而这在科学上是站不住脚的。事实上,大麻并不能真的减少愤怒,反而会压抑愤怒,从而让愤怒不断地积攒起来。所以,通过大麻来让自己冷静,本身就是非常不理智的做法。

还有一个非常糟糕的案例。

故事主角米西是一个有暴怒和有攻击性的女孩儿。尽管米西知道吸毒会增加自己的暴力倾向,但是没关系,她喜欢刺激的生活,如果每天不折腾出点什么事来,她会觉得非常无聊。愤怒和兴奋这两种感觉会让米西觉得自己活力四射、精力充沛。于是今晚她像往常一样,去酒吧喝个不停,然后吸几口可卡因,再吞几粒药丸。但是不知怎的,今天米西觉得自己异常兴奋,感到前所未有的愤怒。原来,酒精、毒品和愤怒在一起,会产生协同效应[①]。事实证明,酒精、毒品和愤怒混在一起,效果的确成倍增加。此时米西仿佛成了一个"人肉炸弹"。她亢奋极了,摔酒杯,折断台球棍,无论男女,她见到都会破口大骂,挑衅着要打架,一直折腾到凌晨一点。后来,她被撵出酒吧。那晚她一直在大街上晃悠,因为她无处可去,也不知道怎么回家。

如果你有暴怒的问题,那么你必须对酒精和毒品有所防范,因为它们都很容易让情绪失控。坦白来说,服用酒精和毒品需要支付的代价是你承受不起的。

---

① 两种或多种组合共存时的催化剂性能要大于各组合性能加和值的现象。——译者注

到目前为止，我们聊了很多关于酒精、毒品和愤怒之间关系的话题。还有一些特殊的情况我们也要讲一下，即当普通人完全遵照医嘱服药时，也有可能（尽管很少见）出现暴怒问题。你听说过"医源性效应"（iatrogenic effect）这个概念吗？如果你刚好在服药，你最好了解一下这个词。医源性效应是指在诊治或疾病预防过程中，由于医护人员的各种措施、言行不当而造成的不利于患者身心健康的疾病。

突发型暴怒是一种非常危险的医源性情绪反应，这种情况时有发生。特别是常见的处方药——安定等苯二氮䓬类药物，即便这些药物是用来镇静的，但还是有不少人用药后情绪变得更加激动了。然而，问题有时并不在于某种处方药物本身，因为其副作用的出现概率很小且非常随机。尽管出现的概率很低，但还是要注意，任何人都可能因为服用处方药而变得易怒、具有攻击性。所以，你应该时刻关注自己和家人服药期间的情况，如果你注意到服药期间病人脾气变得暴躁或容易攻击他人，请立即寻求医生的帮助。

这类问题对两类人尤其重要。请检查一下自己是否属于这两类人。第一类是本身脾气就不好，有攻击性和暴怒问题的人，他们本身的情绪控制力比较弱，加上药物的影响，他们可能更难控制自己。第二类是正在接受戒断治疗的酗酒者或瘾君子，这类人大多对药物有非常强烈和无法预料的反应。如果你属于这两种情况，那么在服用一种新药时要格外小心，请仔细记录有可能诱发暴怒或降低情绪控制能力的药物。

儿童阶段的情绪控制训练

我们人类通常遵循两个简单的规则：一是按照父母的方式去做事；二是做对自己有好处的事。这些规则非常实用，并为我们提供了很好的人生指引。但是，这两条规则可能会导致暴怒问题。

让我们先从第一条规则——按照父母的方式去做事开始讲起。当然了，父母是孩子的榜样，孩子一出生就开始模仿父母，模仿他们的言语、动作、手势、信仰、恐惧，以及他们的一颦一笑。对于父母做的所有事情，他们几乎都会模仿。比如上个周末，我的两个孙子告诉我，他们非常喜欢和爸爸一起去钓鱼，爸爸会教他们如何判断鱼上没上钩，还告诉他们哪些鱼可以被放生。看着他们绘声绘色地描述，我惊讶地发现，这两个孩子的举止和腔调几乎和他们的父亲一模一样。

当然，有这样的父母做榜样是非常好的。但是，如果孩子的父母经常大发雷霆呢？试想一下，这些父母一有压力就发脾气，他们摔东西，打骂亲人，也许他们过后会道歉，说"自己很内疚""绝不是有意的""一定不会再有下一次了"，但事后他们往往重蹈覆辙，于是孩子们慢慢地学习到——原来愤怒是一种应对压力和麻烦的方式。

不是每个受到暴躁的父母（或其他长辈）影响的孩子都会变成一个暴怒者。但是，如果你在暴躁的家人身边长大的话，你成为一个暴躁者的可能性会很高。

孩子们可能会对父母的坏脾气厌恶至极，发誓自己长大后决不要像自己的父母那样。但父母们的暴怒行为还是会对孩子产生潜移默化的影响。多年以后，孩子长大了，可能有一天他们突然发现，自己居然变成了像父母一样脾气暴躁的人了。

玛琳达就属于这种情况。那天，她突然对只有7岁的儿子蒂米大发雷霆。原来，蒂米在晚饭前未经允许吃了一块馅饼，从而招来了妈妈玛琳达的责骂："让你吃时你不吃，不让你吃时你非得吃。""吃了你也不说一声，害我忙着给你做饭，水都没顾得上喝一口……"她越说越生气，最后她气得不行，对着儿子大喊大叫，说出来的话也越来越难听。玛琳达觉得自己快失控了，她赶紧逼自己走出房间，远离蒂米，尽快让自己平静下来。过了一会儿，玛琳达好像明白了什么，恍然大悟道："我怎么变成我妈了？！我妈就是这样的。"原来玛琳达有个脾气暴躁的妈妈，小时候，她总是提心吊胆的，怕被妈妈打骂，她最不希望的就是成为像她妈妈那样可怕的、愤怒的母亲。可没想到，玛琳达有一天竟然也做出了同样的事情，不知不觉、潜移默化地学会了如何发火。

那么，你的成长环境是怎样的？家里的大人们会经常发脾气吗？他们有暴怒倾向吗？在成长过程中，你是怎样理解愤怒的？

现在，我们来看一下第二条规则——做对自己有好处的事，这个规则同样有可能引发暴怒问题。

我们来看一个案例：

马克西是一名17岁的初中生，他有包括注意力缺陷障碍（多动症）、双相情感障碍、强迫症和阿斯伯格综合征在内的多种精神疾病。和大多数问题儿童的经历一样，妈妈为了给他看病，换过很多位心理医生。上学时，马克西无法集中注意力，他行为古怪，基本上没有朋友。他还有比较严重的暴怒症。马克西可以在一秒钟内勃然大怒。你只要简单地对他说一个"不"字,他就会爆发。他没有办法控制自己的暴怒情绪,服用大量的药物也无济于事。

但是,如果我们仔细观察的话,就会发现马克西发脾气是有迹可循的。比如,马克西每周都会在社会学课堂上发脾气大闹,而在科学课上,一年却只发过一次脾气。为什么呢?答案是社会学老师在无意识的情况下对马克西的暴怒进行了变相的奖励,而科学老师却没这么做。变相奖励?对!每次马克西在社会学课上发火的时候,社会学老师就会很生气,于是他都就会当着全班同学的面把马克西教训一顿,然后把他赶出教室。对马克西来说,他的奖励就是成功地赢得了同学们的注意力。因为他敢于向老师挑战,所以他得到了大家的关注(即便这种关注是负面的,也好过没有关注)。而且他还可以不用上课,在教室外面玩耍。而科学老师则会时常留意马克西的表现,如果他看到或感觉到马克西快要发火了,就会私下找马克西沟通。他和马克西约定了一个专属于他们两个人的暗号,如果需要冷静,马克西可以通过这个暗号告诉老师。当马克西马上要失控的时候,科学老师就会立刻把他带出教室,不会和他当着同学的面吵起来。几分钟后,他再把已经冷静下来的马克西带回教室。

如果对暴怒的好处避而不谈的话,我们对暴怒的讨论就不完整了。不管有心与否,不当的应对方式都有可能变成对暴怒的奖励。而暴怒者得到的好处,有时是有意的、即时的或直接的(比如只要生气,自己的要求就会被满足);有时是无意的、间接的(比如暴怒后受到额外的关注）。不管是哪种情况，都会让暴怒者知道，他们可以通过发火得到自己想要的东西。我并不是说他们故意通过发火来得到好处，只是既然有用，那么继续暴怒也很容易理解。这样一来，暴怒便会从有意的行为转化为自动的行为，而暴怒者的需求也会逐渐升级。这意味着人们因愤怒得到的奖励越多，他们失控的频率就会越高。

这个故事告诉我们：不要做你孩子的"愤怒"的榜样；也不要让任何暴怒者因为暴怒得到任何好处，不管他是谁，也不管他多大。

看完这个故事，我们可以扪心自问一下，我们从暴怒中得到过什么好处？如果让你不再暴怒，放弃这些好处，你是否愿意？

暴怒与兴奋

"我想找人打一架，好好地发泄一下。如果你问我喜不喜欢打架，我会说，我对打架又爱又恨。"这句话是25岁的迪米说的，他现在是一名愤怒管理协会的会员。迪米经常因为暴怒惹麻烦，多次被送到警察局，如果他再不好好管管他的坏脾气，等待他的将是漫长的牢狱生活。但是，让人想不通的是，每次提到这些"光辉"事迹时，他还会情不自禁地微笑，眼里还闪着光芒。仿佛一想到暴怒，他整个人就重生了一样。

我曾在《放下愤怒》（*Letting Go of Anger*）一书中提及兴奋型愤怒或成瘾型愤怒的概念。事实上，愤怒确实能唤起某类人群的兴奋感。而暴怒是最高程度的愤怒，因此它唤起的兴奋感也最多。在迪米看来，愤怒和性爱一样美好，甚至比性爱还要好。

迪米渴望发泄愤怒，他很想找人打一架。一想到打架，他就手痒痒。只要有人愿意和他打一架，不管是谁，他都会非常满足。他约架的对象有：女友（95磅[①]）、他最好的朋友，以及在酒吧刚认识的退役足球运动员（350磅）。就要开始打架了，他首先酝酿一下情绪，让自己愤怒起来，然后挑衅对方。他希望对方打第一拳，这样他就可以心安理得地反击了，接下来就像拳击比赛的场面一样，几轮下来，有时酣畅淋漓，有时鲜血淋漓，疼痛的快感、出拳的快感，以及失控的快感，一切都爽爆了！

我把这种类型的暴怒称为兴奋型暴怒，因为它能让肾上腺素激增。同时我也把它叫做成瘾型暴怒，因为你一旦喜欢上这种感觉，就很难戒掉了。

迪米是时候戒掉暴怒瘾了。他应该学着过一下正常的生活，像戒酒、戒毒和戒赌一样戒掉暴怒。他的目标是远离暴怒，无论它多么刺激、多么诱人、多么激情。他必须开始去寻找一种新的可以振奋他并且健康的生活方式来替换现在不健康的生活方式。比如：他可以找一份工作（如做一名紧急医疗技术人员或其他紧张刺激的工作），这份工作可以帮他释放掉兴奋；又或者，他可以发展一些爱好，如放松、冥想等，让自己的身心平静下来。当然，对迪米这种人来说，想要找回平静的感觉是非常不容易的，但是他一旦做到了，就会发现，没有兴奋感，生活依旧很美好。

愤怒会让你兴奋吗？你觉得这样做值得吗？

[①] 1磅≈0.45千克。——译者注

暴怒与羞耻

羞耻感直击人的灵魂，让人非常痛苦。几年前，我和我的妻子帕特写了一本关于羞耻的书，书名叫《放下羞耻》(*Letting Go of Shame*)。故事的开头描述的是一个小女孩在玩泥巴，想象一下，在一个下过雨的午后，一名一两岁的小女孩，穿着一件芭比粉的公主裙，坐在院子里，用小手和了一些泥巴，打算建造一个华丽的城堡。可是这一幕被她妈妈看到了，她连忙从屋子里跑出来，一阵数落："哎呀，一点女孩子的样子都没有，怎么能坐在地上呢！还玩泥巴，瞧你脏的！真没羞！"

不难想象，这名小女孩的童年将不断重复类似的场景。在她有能力逃离自己的原生家庭之前，会听到无数遍"真没羞"这样的评价。她在成长的过程中会比别人多很多令人羞愧的时刻，那些批评的话和嫌弃的表情仿佛永远挥之不去。于是，小女孩长大了，她很自卑，觉得自己不够好，永远都不够好，总是不自信。

羞耻感几乎人人都会有。偶尔一点的羞耻感没有什么，有时甚至是一种帮助。就拿我自己来说，我有一段难忘的经历。当时我要上台做一个演讲，可我一点儿准备都没有，面对台下众多的观众，我的大脑一片空白，紧张得一句话都说不出来。我满脸通红，手足无措，心想着要是有个地缝能让我钻进去就好了。不过事后，我一直拿这件事来激励自己，以后对于大大小小的演讲，上台前我全部都会做好准备。从那以后，我演讲再也没有失误过。

但过度的羞耻感则是有百害而无一利的，它会给人造成心理阴影。正如作家格申·考夫曼（Gershen Kaufman）所说，被羞耻感束缚的人是无法肯定自己的。这种精神内耗是非常痛苦的。而且，过度的羞耻感会诱发暴怒，这也是与本书最为相关的一点，这种愤怒被称为羞耻型暴怒。当人们再也无法忍受羞耻感时，就会爆发羞耻型暴怒。他们羞辱、指责身边所有人——自己的伴侣、孩子、朋友甚至是客户。他们想把自己身上的羞耻感转移给别人。

　　羞耻感也会使一个人被孤立。当一个人自己都觉得自己不好、不喜欢自己的时候，又有谁会真的喜欢他，愿意陪在他身边呢？正因为如此，许多内心充满羞耻感的人会回避与人接触。最终，他们会觉得自己与社会格格不入，不受欢迎，甚至被鄙视。他们逐渐被边缘化，找不到归属感。有时候，这些深受羞耻感束缚的人会鄙视和憎恨所有合群的人。他们会对那些让他们产生孤立感的所谓合群的"伪善"的人们，产生一种强烈的愤怒。有时他们会突然间暴怒，去攻击那些经常折磨他们的人。这些人很可能是一个团体，在他们看来，这伙人什么都有，是主流群体，而他们自己是边缘群体，一无所有。于是，一些团体、组织和机构常常会成为被他们攻击的对象。

暴怒与失去

　　还有一种生活经历会让一个人变得容易暴怒，那就是一个人失去得太多，或者遭受了过于严重的损失。

　　我们都知道，有些失去是避免不了的，比如亲人离世、离婚、朋友离开或者孩子离家。面对生命的失去，我们心怀悲伤，继续前行。但是，还有一种失去让人很难理解，而且也很难从中走出来，那就是被抛弃。被抛弃让人难以释怀，就好像对方任性地离开，只是为了伤害我们一样。每个被抛弃的人心底都有一个问号："你为什么要离开我？"很多时候，我们的确很难找到合适的理由去安慰被抛弃者。应该怎样向一个6岁的孩子解释他爸爸没回来的原因是他战死在沙场了？应该怎么向一个40岁青春不再的女人解释她老公没回来的原因是他被一个年轻女郎勾走了？被抛弃者会一直被这些无解的问题困扰，无法继续自己的生活。他们感受到一种无法忍受的失去感，而这种失去感为愤怒的滋长提供了空间。

当被抛弃者不再苦苦追问"为什么"，转而开始抱怨的时候，愤怒就产生了。他们的话语也从"为什么要离开我"变成了"离开我，我就要让你受到惩罚！"这便是被抛弃型暴怒，愤怒的矛头直指那些抛弃他们的人，或是那些不断刺痛他们的人。我们会经常听到她们对全世界控诉："他说过会一直爱我的，但最后还是离开了我！"被抛弃型暴怒掺杂了不信任感和憎恨感，同时又饱含被爱的渴望。他们不相信任何可能抛弃或背叛他们的人，痛恨别人离开，同时又深深地渴望着被爱、被关心、被人保护。

羞耻型暴怒、兴奋型暴怒、无力型暴怒和被抛弃型暴怒都是非常重要的概念。在本书的后面的章节，我们会对这些暴怒类型展开更详细的讨论。

诱发暴怒情绪的因素

以下是一些容易诱发暴怒情绪的因素，你可以在分项中勾选符合自己的选项。

- ☐ 我还不到 25 岁。
- ☐ 小时候,我比其他孩子更容易(或更频繁地)发脾气、情绪失控,或更有暴力倾向。
- ☐ 摔跤、打架等很可能给我造成了脑损伤。
- ☐ 当我暴躁心烦的时候,大脑仿佛停止运转或失去了思考能力。
- ☐ 当我承受很大压力时,我会变得非常暴躁。
- ☐ 我受过身体或情感创伤,这让我时常感到害怕、非常脆弱,我对身边的一切人和事都有很强的防御心理。
- ☐ 服用酒精和其他可以改变情绪类的药物,会让我很难控制自己的愤怒。
- ☐ 我正在服用/服用过有可能会让我脾气变差的处方药。
- ☐ 小时候,我的父母(或其他在我成长过程中比较重要的成年人)经常大发雷霆。
- ☐ 小时候,我习惯于用发脾气来获取我想要的东西。
- ☐ 直到现在,我仍然会通过发脾气或威胁他人,去得到我想要的东西。
- ☐ 我一发怒就兴奋,愤怒让我感受到自己蓬勃的生命力,这种感觉非常不错。
- ☐ 当我被人贬低(指责、羞辱)而感到难堪时,我会有非常强烈的反应。
- ☐ 当我感觉被抛弃、拒绝或背叛时,我会有非常强烈的反应。

Rage

Rage

A Step-by-Step Guide to Overcoming Explosive Anger

第 3 章

突发型暴怒

瑞奇：一个突发型暴怒者

瑞奇是一个突发型暴怒者，他当时24岁，西班牙裔，他生性傲慢，脾气暴躁。瑞奇向我描述了他最近一次的暴怒："我当时没有工作，也找不到工作，只能勉强度日。那天天色还早，我前女友顺路来看我，不料我们发生了一些争吵，她突然在我面前轻轻地推了我一把。她居然推了我！我当时火气噌一下就上来了。我已经记不得我们当时都吵了什么，我只是感觉当时的我好像不是我自己，而是一头没有人性的禽兽！我把她抓起来掐住她的脖子，一顿暴打，直到把她掐得昏死了过去。我当时真的不记得我说过什么，印象中我好像只是想给她一个教训，叫她别惹我。当时我感到心烦意乱，非常愤怒，我甚至都没有停下来的意思，不过我还是停下来了。在附近转了几个小时后，我终于不再愤怒了。我累极了，到家后倒头就睡。这种失控的情况经常发生在我身上。"

突发型暴怒和失控

突发型暴怒是一种人格迅速转换的愤怒体验，这种转换毫无预兆，让人始料不及。转换之后，暴怒者的情绪、意识和行动会部分或完全失控。

瑞奇的暴怒的核心问题是失控。他的前女友"在他面前轻轻推了他一把"这一行为威胁到了瑞奇的掌控感，让他觉得自己无法掌控前女友了，这是一种无力型暴怒，我们到了第 6 章会详细介绍。本章关注的是瑞奇是怎么发怒的，而不是他为什么发怒。瑞奇的暴怒完全符合突发型暴怒的模式，他的怒火来得迅速且猛烈。那天他本来没打算对前女友发火，他也不知道怎么回事儿就发火了。失业心情不好有可能是引起他暴怒的原因，但瑞奇说那天除了和前女友发生争执之外，也没觉得有什么事儿影响到他的心情，没有任何迹象表明他会大发雷霆。

当瑞奇处于暴怒状态时，他无法控制自己的言行。但请留意一个细节——即使在暴怒中，瑞奇也没有完全失控（"我甚至都没有停下来的意思，不过我还是停下来了"）。突发型暴怒虽然很严重，但瑞奇这次也只是部分失控。如果他完全失控，他的前女友可能已经死在他手里了。当瑞奇暴怒时，他会立刻变得非常愤怒，并且难以控制自己。有时他会失去记忆，事后完全不记得发生了什么或是只记得一点点。瑞奇在咨询时提到，他的朋友们经常会取笑他暴怒的样子，他们说他发怒的时候像一头疯狂的野兽。还有一个朋友告诉他从他的眼神里可以看出来他是不是要发火。当瑞奇发火时，他的眼神很怪异，好像怒火随时要从眼睛里喷出来似的。瑞奇承认，暴怒时，他的确像变了一个人，变成了一个连自己都不认识的人。

突发型暴怒让瑞奇十分困扰。但他真正担心的是自己暴怒时会重伤别人，甚至杀人。"我把前女友弄成了重伤。要不是她昏倒了，我还会死死掐着她的脖子。发生了这么严重的事，按道理来说我不会连吵架的原因都想不起来。"

小而频发的突发型暴怒

让我们拿黑洞和暴怒做一个类比吧,这样理解起来更容易一些。迄今为止,天文学家已经发现了不少黑洞,黑洞的引力巨大,连光都无法逃脱,这也是黑洞之所以被称为黑洞的原因。黑洞硕大无比,甚至能吞噬数百万颗像太阳般大小的恒星。黑洞之所以在过去的几十年里备受关注,就是因为它的体积大得惊人。不过,最近物理学家们发现,宇宙中还可能存在数十亿个微小的黑洞。迷你黑洞存在的时间很短(几分之一秒),也没有什么实际的影响力。但是,迷你黑洞的数量要远远多于大型黑洞。

生活中,小而频发的突发型暴怒就像迷你黑洞,它比典型的突发型暴怒要多很多。要知道,并不是所有的突发型暴怒都有像瑞奇那次一样的破坏力,也不是所有的突发型暴怒都能持续几个小时。小而频发的突发型暴怒最典型的特征就像一位当事人描述的那样:"唉,其实我记不太清刚刚发生了什么事。当时,我们好像在为了钱的问题争吵,我突然火冒三丈,臭骂了她一顿,摔门而去。整个过程只持续了不到一分钟。我都怀疑我的脑子是不是有问题!"而"突然火冒三丈"表明了这个人有小而频发的突发型暴怒的倾向。一瞬间,他觉得自己变了一个人,但没有完全失去意识,也没有失去正常的感知能力,此时他还是他自己,但是他能感觉到和平时有些不同,这说明他这时正处在人格转换期。

这就有点麻烦了,怎么才能判定这种状态属不属于暴怒呢?毕竟他的愤怒好像没有那么强烈,也不那么持久,那么是不是它就不属于暴怒了呢?其实很简单,不用看愤怒的程度如何,只需要看一个指标，这个指标最能反映出实质性的问题——在他生气的时候是否感觉到自己变成了另外一个人，如果有这种感觉，哪怕只是一瞬间，那么这种愤怒就是暴怒了。

强烈的突发型暴怒让瑞奇不得不寻求心理治疗，想要控制暴怒对瑞奇来说是一件好事，因为他的暴怒情况比较严重，随时可能会造成一定的危险。但如果你只是小而频发的突发型暴怒，那该怎么办呢？我的建议是——多做预防。这会让你受益良多，因为即使是小而频发的突发型暴怒也会损害你的人际关系和你的自尊。当你的暴怒出现得越来越频繁时候，你的大脑也会越来越难以控制它们，你的暴怒倾向就会越来越强烈，持续时间也会越来越长。

你有突发型暴怒倾向吗

你有突发型暴怒吗？你是否在瑞奇身上看到了自己的影子？你多久发一次脾气？下面我们来测试一下你是否有突发型暴怒问题。

- 我的愤怒来得迅速且猛烈。
- 我非常生气，言行都失去了控制。
- 当我很生气的时候，周围的人说我行为反常、可怕而疯狂。
- 当我非常生气的时候，我的大脑会暂时性失忆（并不是因为醉酒或吸毒），所以我不记得自己说了什么，做了什么。
- 生气的时候，我担心自己会误伤身边的人或失手杀人。
- 当我生气的时候，觉得自己变成了另外一个人，一点儿都不像平时的自己。
- 当感觉别人侮辱或威胁我的时候，我会非常生气。

- 我生气的时候会大喊大叫，虽然有时只持续了很短的时间。

如果以上有很多条状况都在你身上出现过，甚至是经常出现，说明你可能有突发型暴怒的问题。那么请仔细阅读接下来的部分，我会详细介绍如何阻止突发型暴怒。

如何摆脱突发型暴怒

你可以采取以下七个步骤来阻止突发型暴怒。

第1步：对自己充满信心，相信自己可以控制愤怒

在控制暴怒这件事上，人们都会有畏难情绪。为什么呢？因为很多时候，暴怒尤其是突发性的暴怒，是挡也挡不住的。这就好比在餐厅里，服务员突然端来一盘五磅重的牛排。你问："这是谁点的菜？"服务员说："你点的，这是你的账单。"那块巨大的牛排代表你"愤怒的原因"，而账单则代表你暴怒之后要付出的代价。

你应对暴怒的措施是告诉服务员："你等一下，我没有点过这份牛排，我不想要这个菜，不要放在桌子上，麻烦你拿回去。"也许服务员会和你争论，坚持说牛排是你点的。也许他还会说，以前你每次来的时候，订的都是这个尺寸的牛排。他甚至会告诉你，因为他们知道你喜欢吃，所以专门预留了一块最大的给你。但是千万不要被服务员说服了，因为你再也不需要吃那种牛排了。

端牛排的服务员和带来暴怒的"服务员"之间有一个非常重要的区别。端牛排的服务员是一个真实的人，而呈上暴怒的"服务员"则

是你大脑虚构出来的。你大脑里的想法就是你暴怒的源头，这颗暴怒的种子就种在你的脑海里。非常好，因为你的大脑属于你，你有能力改变大脑的想法。虽然通过控制大脑不一定每次都能达到效果，也不一定是最完美的解决办法，但这足以让你对生活更有掌控感。

请记住，无论你做什么，都不要自暴自弃。你有能力摆脱暴怒。

第2步：做出承诺，为控制暴怒做艰难而持久的努力

做好心理准备，迎接艰苦的工作吧。阻止自己暴怒并不是件容易的事。

首先，你必须放下心理防御，对自己完全诚实。这意味着你需要做到以下几点。

- 不再否认。不要再自欺欺人地说"我不知道他们在说什么。我没有暴怒问题"；相反，请承认"我有暴怒倾向，我得重视起来。我承认它，我接受它，我必须立刻、马上付诸行动，做出改变"。

- "暴怒"无小事。不要觉得"也许我确实有一点暴怒问题，但这对我的生活并没什么影响"；相反，请承认"这可不是鸡毛蒜皮的小问题，拜托！问题可大了！暴怒正在破坏我的生活，伤害我的孩子，它会摧毁我拥有的一切"。

- 别再为自己开脱或辩解。不要认为"我确实有暴怒倾向，但这不是我的错。这都是因为小时候爸爸常常打我才让我变成这样的"；相反，请承认"爸爸的确打过我。但那是很多年前的事了。我现在必须对自己负责，不能再把现在的问题归咎于过去了"。

- 请永远保持信心。不要认为"我就是停不下来，为什么还要做无

谓的挣扎呢？"；相反，请相信"我不知道自己能在多大程度上控制这些暴怒，但我要努力克服它，我要控制住每一次暴怒"。

- 不要拖延。不要认为"我知道应该去控制暴怒，但我还没做好准备。改天再说吧"；相反，请相信"是时候开始做出努力了，现在就要对暴怒说不"。

其次，你需要尽可能多地了解暴怒（在什么时候，在哪里，因为什么，对谁发怒）。你需要像科学家一样认真深入地研究你的暴怒模式。充分了解自己的暴怒模式后，你要总结出一套属于自己的控制暴怒的方法。

再次，请把你的总结付诸实践。所以，你要随时留意暴怒，在它刚有苗头的时候就把它扼杀在摇篮里。如果你实在阻止不了暴怒，那么请尽量降低暴怒发展的速度，减少暴怒带来的危害。

最后，不要把摆脱暴怒当作一件简单的事情去对待。毕竟暴怒不是轻而易举就能消失的，但你也完全有可能进步神速。你有理由相信，从你读这本书时起，你只要做出坚定的承诺，持之以恒去解决这个问题，阻止暴怒，日复一日，周而复始，你会终有所得。

第3步：花点时间来识别你的突发型暴怒的模式

这个步骤的目的是让你全面了解自己的暴怒模式。下列问题可以帮助你从各个角度观察你的突发型暴怒，请认真谨慎地回答，并写下你的答案。

你先逐一描述一下你经历过的印象深刻的突发型暴怒事件。这个练习旨在帮助你收集关于暴怒的各种信息，以便你能更好地阻止暴怒的发生。

- 那次暴怒事件大约发生在多久以前？
- 压力大的时候你会有什么感受？压力是否能成为你那次暴怒的导火索？
- 在那次暴怒之前或暴怒期间，你是否服用过酒精或毒品（或者正处于艰难的戒酒期）？如果有，你认为这会对那次暴怒有什么影响？
- 都有谁卷入了那次暴怒事件？
- 是什么引发了你那次的暴怒（是因为某人说了什么或做了什么吗）？
- 那次暴怒过后你还记得多少事情（全部、部分或完全没有印象）？如果你还有印象，你通常会记住什么？
- 那次暴怒的时候，你说了什么？做了什么？你是怎么想的？你有什么感觉？
- 你那次暴怒是怎么停下来的？
- 那次暴怒时，你控制自己是否很困难？你是怎么控制自己的？有效吗？
- 那次暴怒时，你的状态是否可控（完全失控、部分失控、基本可控，还是完全可控）？你的暴怒程度如何（近乎暴怒、部分暴怒还是完全暴怒）？你为什么会这么觉得？
- 那次暴怒之后，接下来发生了什么事情（昏睡几个小时、被逮捕或伴侣要跟你分手）？如果都不是，请具体描述一下。
- 类似的暴怒你多久出现一次？
- 那次你是否靠服用药物来控制你的暴怒情绪？如果是，你服用的是什么药？效果如何？
- 那一次，你还做了哪些事情来阻止你的暴怒呢？
- 除了上述内容，你还有什么想要补充的吗？

第 4 步：总结成功阻止暴怒的经验

托妮娅今年 20 岁，她一直寄住在福利院里。她跟我讲了她最近一次临近暴怒的体验。事情的发展是这样的：

  托尼娅有一个舍友叫迈克，他俩经常因为一些小事而争吵。这次，托尼娅告诉迈克该他洗碗了，但迈克就是不洗。在托妮娅看来，迈克经常这样不讲理，从来都不考虑别人的感受，简直就是人渣！托妮娅越想越委屈，越想越生气，感觉一股怒火从心底升了起来，肾上腺素开始飙升，简直要气炸了！托尼娅当时恨不得拿把刀杀了迈克，所幸的是，这个行为仅停留在了想法层面。当时她突然有意识地控制住了暴怒，然后强迫自己回到房间里冷静一下。

  当时发生了什么让托妮娅成功地阻止了暴怒呢？一开始，托妮娅自己也没弄明白。思考过后，她想起来了。当时她脑海里出现了一个想法：“我告诉自己这样做不值得。迈克是个人渣，他一直都很烂，我为什么要试图改变他呢？他是不可能改变自己的。再说，我又不是他的老板，我又没花钱雇他，他怎么样和我又有什么关系呢？还不如让他们公司的人来收拾他。"当然，这些话别人已经对托妮娅说了上百遍了，但她就是听不进去，她也不想听。托妮娅是那种特有主见的人，遇到事情必须自己想明白，否则别人说得再多、再有道理也没有用。这次，她听到的是自己的声音，是她自己这么说的，所以她听进去了，于是就这样阻止了暴怒的发生。

临近暴怒是指在一个人在想要大发雷霆的时候及时制止住了自己。也许每个暴怒者都有过这种体验，如果没有及时制止住自己，就会进入暴怒状态。到那时，他们要不被关在监狱里，要不就被迫服用大量药物，被麻醉得像丧尸一样。处在暴怒状态中的人对社会来说是一种安全隐患，而我们的社会对安全隐患是不能容忍的。

临近暴怒的出现意味着什么呢？意味着即使你有暴怒倾向，也有方法可以控制住它。你会用什么方法呢？大部分情况下，你是怎么做到不生气的？

你觉得用什么办法可以帮你控制暴怒呢？你会像托妮娅一样，对自己说这不值得吗？你会告诉自己要冷静下来吗？如果这些话没有用，你还会尝试其他新的方法吗？

当暴怒来敲门的时候，你有什么行动吗？你会走开？坐下来？做几次深呼吸？还是其他什么呢？

当你强忍着不让自己发怒时，你会怎么样处理你的情绪呢？把愤怒吞回肚子里？忽略它的存在？还是换成一种温柔且坚定的态度？又或者退一步海阔天空？当时你心里是否还有其他情绪（你是否留意过）？除了这些，你还会怎么做呢？

你有没有尝试过利用信仰来控制暴怒？如求神保佑、祷告、正念、冥想、参加教会活动等。

你是否会向家人、朋友、心理医生或有相同问题的人求助？也许你可以给朋友打电话问"你有时间吗？我现在想跟你聊聊"；也许你有一个值得信任的心理医生，当你要暴怒的时候，你可以在短时间内得到他的帮助；也许你可以参加互助组织，比如情绪管理协会或戒酒协会，这样你就可以和有同样经历的人讨论你的情况，也可以帮助其他成员控制暴怒。

你要学习如何把自己的暴怒扼杀在摇篮里。毕竟，还会有谁会比你自己更了解自己呢？

第5步：学会在暴怒开始时控制住自己

露西是一对双胞胎男孩儿的母亲，如今这两个男孩已经12岁了。几天前，警察收到其他人对这对双胞胎的指控，原因是他们两个向中学生兜售大麻。孩子们抽大麻，露西是知道的。第一次发现的时候，她很生气，但是她管不住。然而，对于儿子贩卖大麻的事情，她还是第一次听说。突然有一天，一名社工和几名警察来到他们家要带走孩子们，送他们去少管所。露西这时一下子受不了了，她边喊着让孩子们躲起来，边辱骂和威胁社工和警察，她开始像过去那样失去控制了。

后来，不知道发生了什么事儿，露茜恢复了一些理性。她还会对社工和警察们骂骂咧咧，但不再那么撕心裂肺地骂了；她还会大吵大闹，但不再竭力偏袒孩子们了。露西稍微理性地控制住了自己的暴怒。因此，她的情况属于部分暴怒。

她是怎么做到的呢？露西说，她当时意识到为了自己的孩子，必须停下来。"我清楚如果我失控的话，就会对他们更为不利。而且如果我进了精神病院或者监狱，就更帮不了我的孩子了。所以我必须让自己停下来。我跟你说，这真的很不容易，但我做到了。"

部分暴怒处于暴怒的初始阶段，这时的你还有些许自控力。如果你曾经经历过部分暴怒，那么请在下次遇到同样状况的时候，问自己几个关键性的问题："我应该怎么想，怎么说，怎么做才可以控制住自己？"这些问题非常重要，找到这些问题的答案，可以让你以后避免误伤甚至误杀他人。

所以，请再思考一下，处于部分暴怒的时候，怎样才能让自己停下来？你能采取什么行动？你要怎样行动？你有什么有效的方法？你能否从家人、朋友、心理医生或有相同的问题的人那得到及时的帮助？还有什么人可以帮你吗？或者，让你一个人冷静一下，效果会不会更好一些？

第6步：制订规避风险的计划

建立人际支持系统："我们走吧，离开这里。"

场景： 午夜时分，酒吧里面，混杂的空气中弥漫着烟酒的味道，昏暗的灯光闪烁着，看似喧哗热闹，却掩饰不了人们内心的孤独寂寞。突然，三个喝醉了的男人起了口角，把原本就喧哗的酒吧变得更加嘈杂。本尼是一个脾气暴躁的家伙，醉酒后更加易怒；达伦是本尼最好的朋友，很多次在本尼脾气失控时他都陪在身边；还有一个喝得酩酊大醉的男人，他似乎有些不快，想找人吵架，于是他盯上了本尼和达伦。他们从一开始的语言挑衅变成了互相推搡，达伦是非常了解本尼的脾气的，这样下去用不了多久，本尼就会暴怒，于是他赶紧拉着本尼离开了酒吧，还好这次本尼没有失控。

总之，本尼和那个醉酒男人并没有大打出手。到现在，那个喝醉的男人根本不知道他惹了本尼会有什么危险，伦达的及时帮助让那个醉酒的男人保住了性命，也让本尼远离了牢狱之灾。

如果你想远离暴怒，生活中这些角色必不可少：朋友、家人、伴侣、神父、牧师、教士、情绪控制协会互助成员、心理咨询师或精神科医生。请不要独自面对暴怒，这样很容易让你陷入暴怒的情绪里。为什么呢？因为当人们暴怒时，他们常常会自言自语："小心啊！他们要把我抓起来！""我要杀了这混蛋！他罪该万死！""从没有人敢这么说我！""没有她，我活不下去！""他要抛弃我！""我讨厌他们！""我没醉！""我要以牙还牙！十倍奉还！"这些想法都很不理智，需要其他人帮助暴怒者去了解更多的真相，有效地控制愤怒。

总之，人们在陷入暴怒情绪时，需要有人帮忙急刹车，让他们远离危险并平静下来。所以，请为自己打造一个"心理健康"人脉圈，更重要的是，暴怒者要主动寻求他人的帮助。

接受暴怒管理训练。你也许会认为："教我控制暴怒的技巧有什么用呢？脾气上来的时候，谁还顾得了那么多，哪有心思用所谓的技巧呢。难道不是用药物来控制更直接有效吗？"不过我认为，暴怒管理训练还是非常实用且必要的。暴怒管理训练不仅包含激励技能训练，还包含很多非常具体的方法。因此它不仅能帮你建立起控制暴怒的信心，还能教你应对暴怒的具体方法。愤怒管理可以改变你的消极想法和思考模式，这些消极想法和思考模式会催生你的暴怒。如果你学习了暴怒管理训练，就有可能更好地控制暴怒，同时也能更好地控制其他类型的情绪。至于暴怒管理训练和药物治疗，两者并非只能二选一，你完全可以边学习暴怒管理技巧，边接受药物治疗。

为了更好地控制自己的暴怒，你需要从以下四个方面的改变。

第一个改变，改变你的做法。

改变你的做法有三个方法。

远离法。远离事发地点是许多暴怒者需要迈出的第一步，对本尼来说，他要做的就是离开酒吧——那个让他滋生愤怒情绪的地方。

暂停法。这是另一个重要的方法。"暂停法"有个"4R"法则：首先需要意识（recognize）到自己处于即将疯狂的状态，其次是在你做出傻事之前撤离（retreat），再次让自己放松（relax），最后等到愤怒消失后，然后再返回（return）事发地，以一种合理的态度处理好善后工作。

公平商讨法。这也是一种典型的愤怒管理方法。你要保证在处理冲突时不骂人、不侮辱人、不盛气凌人、不威胁人，而是坐下来，保持冷静，真正倾听他人说话，寻求积极的解决方案，而不是仅仅要求别人按你的方式去做事。

第二个改变，改变你的想法。

45岁的内科医生沃利有路怒症。曾经有一次，沃利因看不惯一个车主，他追着对方开了5英里，一路上不停按喇叭，朝他挑衅。对方到底怎么惹到他了呢？其实就是在他们进入禁止超车区的时候，对方开车超了沃利而已。沃利立刻变得暴怒无比。他心里想的是："他不能这么做！这是违法的。我不会让他走掉的！"然后他冲了出去，用他自己的话说，此时的他变成了一名交通治安维护者。

现在，大多数所谓的路怒症，其实只是马路上生气的行人。人们会生气，互竖中指后扬长而去。但沃利的做法确实属于暴怒了。他气得无法思考，并已经做好了打架的准备，甚至想把高速公路变成赛车场。幸运的是，对方对他的挑衅并未做出任何反应。最终，沃利恢复了理智，开车走了。

沃利现在也在做"信念替换"训练来帮助他摆脱路怒症。这个练习有个更容易记的名字——"A-B-C-D-E"情绪管理训练法：

- A：因（antecedent），指的是你生气的原因；
- B：信念（beliefs），指的是你产生的消极的信念会增加你的愤怒情绪；
- C：后果（consequences），指的是你因为发怒而导致的结果；
- D：替换（disputation），是指你自己找到一个新的积极的信念来代替自己原有的消极的信念，从而减少愤怒情绪的产生。
- E：影响（effects），是指新想法产生的影响。新的想法可以帮你释放或处理掉你的愤怒。

沃利的训练步骤如下。

- A（前因）：一个车主在禁止超车区超了沃利的车。我们称之为愤怒的导火索，沃利的火气通常一点就着。
- B（信念）：在这种情况下，沃利的主要信念是不好好开车的人脑子都有问题，就应该受到惩罚，这种想法让他怒不可遏。此外，沃利认为他有权去维护交通治安的和谐。
- C（后果）：这导致沃利开始对那位车主穷追不舍。
- D（自我替换）：自我替换是这个过程中最重要的部分。沃利必须想出一个积极的观点来代替消极的观点。此外，你得发自内心地相信这个新的观点。新的观点能让你冷静下来。沃利的新观点是："我是医生，不是治安警察，我没必要负这个责任。"

- E（影响）：再有类似事情发生的时候，沃利就会换一种新的观点来让自己放松下来。现在，他遇到这种情况也能自如应对了，开车的时候也更加心平气和了。最重要的是，控制住暴怒情绪也能保障自身和他人的安全。

第三个改变，改变你应对压力的反应。

许多易怒的人都有一个特点：轻微的压力就会让他产生强烈的身体反应，沃利也不例外。当其他车主抢了沃利的车道的时候，他的身体立刻产生了或战或逃反应：肾上腺素被释放、心脏狂跳、呼吸加速，大脑进入应急状态，思维能力也下降了。但沃利是有能力切断这种反应的。首先他要意识到发生了什么，随后做几次缓慢的深呼吸，告诉自己这并不是什么大事，然后放松心情。当然，实操起来比纸上谈兵要难得多，但只要不断尝试，你一定可以通过训练让自己放松下来，不会再让自己轻易进入警戒状态。

放松训练是改变应对压力反应习惯的关键。放松练习有很多种形式，常见的有深层肌肉放松、冥想、瑜伽、呼吸练习，等等。不过要想真正改变，就必须反复练习，仅靠偶尔几次深呼吸并不能提升应对压力的能力。

我相信，放松对预防和控制暴怒都很有价值。预防意味着防患于未然。有规律的放松可以帮助你以良好的心情迎接每一天，还可以帮助你更好地控制自己的身体。所以，当让人气愤的事情发生时，你就知道该怎么做了。通过几次深呼吸，将愤怒情绪逐出门外。

放松也有助于控制愤怒。当你生气的时候,放松可以帮你将愤怒情绪控制在合理范围内,让你不会失去理智。这时,即便你不小心向愤怒情绪妥协了,也不至于走向崩溃,更不会大发雷霆,只是稍微生气一下,随后就把执念放下了。

压力反应包含身体和精神两个方面。放松下来才能思考,思考才能解决问题,解决了问题,才能让你真正放下愤怒。

第四个改变,改变你的精神状态。

暴怒管理训练传授的不仅仅是一套技能,告诉你具体的做法,它还能帮助人们用更积极、更长远的眼光看待自己的生活。你快乐吗?满足吗?你是否能做到内心平静?你自己的现状是舒适和谐的?还是不开心、沮丧、忧郁、充满敌意、焦虑、提不起精神?你可能会猜到,暴怒者倾向于后一种状态,他们通常都是不快乐的人,可能对世界上所有人和事都失去了希望。

如果你也是一位暴怒者,请花点时间用以下问题深入审视一下自己的生活。但请不要用它当作评判他人的工具,否则你就本末倒置了;相反,请你审视自己的行为,看看你做了什么事情,它们让你的生活变得更好了还是更坏了?让你变得更快乐还是更不快乐了?让你的想法更积极了还是更消极了?

- 你通常会先看到别人的优点还是缺点?
- 你会对自己的生活负责,还是期待别人来为你的生活负责?
- 你对他人表现出的是关心和赞扬,还是冷漠和挑剔?
- 你觉得每天是在为生活目标奋斗,还是无所事事?
- 你在家里、交际圈和某个集体中获得过归属感吗?还是感觉被孤立和疏远？

- 你是否拥有一种有意义的精神生活，这种生活让你感到一股强大的力量在支持自己？

如果你真的想走出暴怒的阴影，那么从行动、思想、情感到心态，这些方面你都必须做出改变。

进行适当的药物治疗。许多暴怒者不愿服药，他们的理由有很多。比如：他们不想靠药物掌控自己的生活，也许是因为他们害怕潜在的副作用，也许因为他们不相信自己的暴怒情绪会是一个严重的问题；还有一种可能便是与戒酒戒毒相关，他们若要服药，就必须戒酒戒毒，他们不愿意这么做；或许是因为他们认为从暴怒中获得了一定的好处，因此内心其实不想戒掉暴怒；又或者服用药物违反了他们的宗教原则。但最常见的原因是他们认为自己并不需要药物。

这里还有另一种观点：如果不停止暴怒，他们可能会在某次暴怒中误杀无辜；他们也可能会害死自己；可能会让周围的人都因他们而受苦；他们可能会像不定时炸弹，随时都有可能爆炸；他们也可能会不断地伤害到自己的孩子。最终，如果他们不接受药物治疗，他们可能会失去伴侣、家人、工作、健康甚至生命。

我们在第 2 章已经讨论过暴怒者大脑的缺陷。如果暴怒者不愿意服药，请回第 2 章好好阅读一下那部分的内容。这么说吧，如果我们的大脑机能时常出错，我们又怎么能放心让它来控制愤怒呢？

药物、情绪管理、良好的人际支持系统，都能有效地改变暴怒者的暴怒状态。

第 7 步：改变自己和世界的关系，重获安全感

暴怒者通常极度缺乏安全感。在他们的眼里，世界是可怕而危险的地方，人心叵测、关系脆弱、没有值得信任的人。不仅外部世界会给你这种感知，连你的内心世界也在颤抖和担心："我感到自己很弱、很无力、没有自信，也没有能力解决问题，无助、一文不值。"上述感觉即便没有说全，也大致描述出了暴怒者心灵深处的不安全感。

下面这些问题也必须得到解决。暴怒者需要努力战胜内心的阴影，包括被遗弃的经历、身体虐待或性虐待、被过度批评和羞辱、创伤性事件或极度无力感。解决这些问题可能需要与值得信任的朋友交谈，可能需要接受心理治疗，或者通过阅读和思考来理顺自己生活中和头脑中的那团乱麻，而宗教或其他精神上的探索也是一种有效的方法。最重要的是，暴怒者需要花时间与自己和解。只有这样，他们的世界才能变得越来越安全。

当然，个人的安全感不仅仅是一种精神状态。安全感的来源离不开外部世界的安全。想想卡特里娜飓风①肆虐后的路易斯安那州超级圆顶体育馆避难所，那里的灾区难民饥渴交加，还时不时地听到抢劫的枪声，我们怎么可能苛求他们内心有安全感呢？因此，我们的目标不仅要为暴怒者营造安全的内心环境，还要保证其外部环境是安全的。

如果你是一名暴怒者，你需要考虑一下你的长期计划。你这一辈子想怎样度过？怎样才能获得良好的自我感觉？怎样才能逐步搭建起安全的有保障的内外部环境？你可以设定一些积极的目标，并计划如何去实现它。要想让生活变得更美好，你就不能那么轻易地发怒。

---

① 卡特里娜飓风：2005 年的五级飓风，风暴潮对美国南部的路易斯安那州造成灾难性的破坏。——译者注

第 4 章

累积型暴怒，积怨过深导致的疯狂

Rage: A Step-by-Step Guide to Overcoming Explosive Anger

塞缪尔的累积型暴怒

塞缪尔今年20岁，他是一名泥瓦匠。他的累积型暴怒源自三年前，当时他刚刚因为一系列持枪抢劫案入狱，下面是他的自述：

在监狱里，我开始戒酒，因为酒瘾很大，所以戒酒过程非常艰辛。戒断反应对我的生活影响很大，因为我非常容易生气，有时还无法控制自己。然而就在那时，我的女朋友给我写了一封信，告诉我她在和我的好哥们约会，还说他们已经同居。起初，我可以接受，毕竟我要在监狱里服刑三年，我有什么权力挽留她呢？但是当我一遍又一遍读着那封信的时候，愤怒开始不断地在我心中滋长。我在牢房里受刑，她的那封信无疑是火上浇油。我非常生气，我想毁掉一切，我一想到他们俩在一起的情形，就觉得无比恶心。结果，一天我和狱友打了起来，因为当时我身边只有他一个人，我找不到第二个人来出气。但事后我发现打一场架无济于事，因为我已经憋了太久了。有时愤怒会消失一段时间，但它消失的唯一的理由是时间的流逝。但随后它又会卷土重来，而且比以前更加强烈。有些时候，我甚至希望自己回到那种愤怒的状态，这样我就有借口去发疯和打架去了。我常常花很多时间用来谋划如何报复这对狗男女，有时我也会试着说服自己不要这样做，但这都没有用。当我从监狱离开的时候，我要做的就是以牙还牙。

这已经不是塞缪尔第一次感受到累积型暴怒了。事实上，他已经养成了暴怒的习惯："我发现自己心里装了很多仇恨，我还会谋划将来有一天报复对方。""我知道仇恨对我来说是不健康的,因为到最后我和别人都很痛苦。要是有人也像我一样暴怒,我给他唯一的建议就是寻求他人的帮助。否则内心的愤怒会越积越多。"

累积型暴怒与突发型暴怒的区别

到目前为止,本书的大多数暴怒者都会说,自己的暴怒情绪来得很快,而且没有什么征兆。这说明他们的暴怒类型是突发型暴怒。但还有另外一种暴怒情绪,这种暴怒情绪的发展形式很不相同。在这种暴怒情绪的诱因和突发型暴怒的诱因类似,通常也是由生存威胁、无力感、羞耻感和被抛弃感这几类原因引起的,但不同的是,这种暴怒情绪通常是一点一点积累起来的。那么第二种暴怒体验被称为"累积型暴怒"。

突发型暴怒通常是当下受到挫折的反应,而累积型暴怒不一样,它更多的是对过去侮辱和伤害的反应。当一个人受到极度不公平对待时,累积型暴怒会慢慢生长和成熟起来。这种暴怒就像地底下的火焰,在潜意识中闷烧多年,直到最终喷发出来。

因此,暴怒有两种主要形式。一种是,愤怒来得突然,发展猛烈,就像突然冒出来的龙卷风,把人们的生活搅得一团糟,然后又"咻"的一下不见了,这就是突发型暴怒。当然,突发型暴怒非常常见,它带来的影响也更令人担忧。突发型暴怒的暴怒状态很难让人假装看不到。还有另外一种重要类型的暴怒,它发展得比较缓慢,但是一旦爆发也同样停不下来。如果说突发型暴怒像一场始料未及的龙卷风,那么另外一种暴怒,也就是累积型暴怒,则像西伯利亚平原上每年吹过的季风，它有一定的规律性，很多时候可以被预测到。

什么是累积型暴怒

累积型暴怒是指特定个体或群体受到的伤害日积月累下来而导致的暴怒。累积型暴怒的特点包括被伤害的感觉、强迫性回想自己受到的伤害、道德上的义愤和谴责（对伤害自己的人）、计划性报复等。

塞缪尔的暴怒就是累积型暴怒。他无法不去回想自己受到的伤害。报复的想法不断地涌现在他脑海里，甚至当他试图转移注意力时，愤怒还是会卷土重来。而且，随着时间的推移，他的怒火越来越大。他幻想去报复那些伤害他的人——他曾经最爱的女友和最好的哥们。不断累积的愤怒变成了仇恨。塞缪尔觉得自己被信任的人背叛了，他的愤怒里还包含对女友和好哥们的道德上的义愤和谴责。对累积型暴怒来说，产生道德上的义愤非常危险，它会让塞缪尔以无辜受害者的形象出现，而他女友和好哥们则变成了魔鬼，或者他们干脆就是该死人渣。塞缪尔和大多数受累积型暴怒折磨的人一样，很难原谅伤害他的人。累积型暴怒者心中有种强烈的愤怒——伤害他们的人道德败坏，可怕而且邪恶。

我再问一个问题，你认为塞缪尔会让假释委员会[①]的人知道他有报复的想法吗？当然不会，因为他知道这会惹上大麻烦，可能会让他一直待在监狱里。隐瞒自己的愤怒和想法是累积型暴怒者的典型做法。累积型暴怒很难被发现，因为暴怒者大部分时间都会将自己的愤

[①] 美国的一种审查服刑人应否准予假释的专门机构。——译者注

怒和想法隐藏起来，但我们仍有必要提前发现它的存在，因为它们带来的风险非常高。如果暴怒者崩溃，释放出多年压抑的愤怒时，这个人就可能会变得非常危险，特别是对于那些累积了大量愤怒的暴怒者来说。

个人恩怨引发的暴怒和暴行

塞缪尔的愤怒直指向两个人——他的女友和他的好哥们。在他看来，这对男女背叛了他，这种想法在他脑海里挥之不去。他渴望报复，他们成了他的死敌。只有他们遭到报复，他才肯罢休。

最常见的累积型暴怒的起因就像塞缪尔的暴怒那样是一种个人恩怨。你认为你所遭受的痛苦，是由于某些人造成的，你决定要跟他们斗个鱼死网破。文学作品中关于个人恩怨的最好例子是美国著名的小说家赫尔曼·梅尔维尔（Herman Melville）的小说《白鲸》（*Moby-Dick*）中的主人翁亚哈船长，因被一头白鲸咬断了腿，他复仇心切，为了找到这头白鲸，几乎兜遍了全世界，并最终与它同归于尽。这个例子未免太沉重了，我再举一个轻松的例子，电影《彼得·潘》（*Peter Pan*）中的海盗船长也有一个宿敌——一条肚子里装着闹钟的鳄鱼，这条鳄鱼天天都想吃掉海盗船长，可惜它肚子里有只闹钟，这只闹钟每天"滴答滴答"地响着，所以船长每次听到这个声音就及时逃走了。

然而，还有一种暴怒在过去的几年里变得特别可怕。这种暴怒有一个特点，它的发起对象是一个群体，被攻击对象是一个机构或者个人。几年前，美国发生了几起邮递人员因情绪不满在邮局大规模持枪杀人的事件，在美国引起了很大的轰动，以至于美国出现了一个新的俚语——"去邮局"，也就是"发疯了"的意思。最近，一些发疯了的攻击者为青少年，他们攻击的机构就是他们的学校。

这种类型的暴怒的特点是暴动，是某类人由于特定团体或机构现实中的不满事件或者是臆想中的不满事件而引起的暴怒。像学校、政府和企业都比较容易成为暴怒者发起暴动的对象。

现有的暴动的研究可以帮助我们理清愤怒和暴怒的区别。美国约翰斯·霍普金斯大学（Johns Hopkins University）社会学教授凯瑟琳·纽曼（Katherine Newman）指出，犯下暴行的往往不是那些经常被赶出课堂、不遵守纪律、明显对学校有情绪的青少年；相反，暴行者更多的是被边缘化的人（或者至少认为自己被边缘化的人）——这些人与集体格格不入，游离于校园生活的边缘。在纽曼看来，这些学生通常不会引起老师、辅导员或学校管理人员的注意，通常来说，几乎没有人会留意到他们。他们对整个学校（而不是学校里的一两个人）心怀怨恨。他们讨厌同学的排挤、老师的忽视以及学校管理人员滥用权力。最终，怨恨完全淹没了理智，他们开始攻击整个"系统"，比如某天持枪出现在校园里，随机向学生和老师扫射。

你有累积型暴怒倾向吗

愤怒经过日积月累，就会变得非常危险，无论这种愤怒是针对特定个人还是针对更大的群体。下列问题能帮你自查一下是否有累积型暴怒的问题。

- 我会忍不住回想过去被侮辱或被伤害的经历。
- 随着时间的推移，面对过去被伤害或被侮辱的经历，我的愤怒会越来越强烈，而不是渐趋稳定或减弱。
- 我有时会幻想报复伤害或侮辱我的人。
- 我会对别人做过的伤害或侮辱我的事怀恨在心。
- 我对想要逃避责罚的人感到愤怒。
- 我很难原谅别人。
- 我怒火中烧，但不会表达出来。
- 为了报复伤害或侮辱我的人，我会故意在身体上或语言上报复他们。
- 我认为某个特定的人、团体、组织或机构应该为我的不幸买单。
- 有人跟我说过，是时候向前看了，不要沉溺于过去。

如果有很多条状况都曾在你身上出现过，甚至是经常出现，说明你可能有累积型暴怒的问题。请别担心，下面的建议能帮你做出改善。

如何摆脱累积型暴怒

要想摆脱累积型暴怒的控制，你可以按以下六个步骤来进行。

第1步：认识到你有能力选择

麦克斯、文尼和查尔斯是多年的好朋友了，他们也是同一个宿舍的室友。大学毕业后，他们合伙开了一家餐厅——三兄弟有机食品餐厅。从餐厅的名字就能看出他们之间曾经情同手足，互相信任。但后来，查尔斯沾染上了赌博。刚开始，他只是偶尔和朋友们去赌场玩一玩，再后来一周去三次，最后是每天都去。输了钱后，他不甘心，更想通过赌博赢回来，但结果损失惨重，现金和贷款都被他输得一干二净。没过多久，他就开始挪用餐厅的公款去赌钱了，当麦克斯和文尼发现这个问题的时候，餐厅已经运营不下去了。最后，查尔斯因为挪用公款被告上法庭，法院并没判他坐牢而是让他签了一份行为改造协议。查尔斯的改造计划是要在戒瘾中心接受30天的心理治疗，再去重返社会训练所待一年。后来，他成功戒掉了赌瘾，重新开始了自己的生活，还加入了一个戒赌协会。

查尔斯一直在努力恢复正常的生活。他一心想要向麦克斯和文尼道歉。他甚至制订了一个计划，向他两位兄弟每人赔偿一笔钱，以弥补之前对他们造成的损失。于是，查尔斯开始试着约麦克斯和文尼见面，然而麦克斯和文尼对查尔斯这一行为的态度却非常不同。

麦克斯是这样说的："查尔斯，我答应和你见面。我也经常想起你。当然，我对你之前做过的事情还是很失望的，但我也相信你人还是不错的，没事了，兄弟。"在过去的一年半时间里，麦克斯投资了一个新项目，并加盟了一家有机食品公司，有望在几年内再开一家分店。他认为自己的生活不应该被查尔斯当初的行为给毁了："就让它过去吧。如果我继续去纠结于查尔斯做过的事，我就走不出去了。"

而文尼则有截然不同的回应："查尔斯，我永远不会原谅你！你背叛了我，毁了我的生活。我恨你一辈子！我每天都在想你做的'好事'。你永远也没有办法补偿我，所以不必费心了。别来找我，你要是敢来，我就打断你的腿！"

累积型暴怒就像是溃烂的伤口。越是抓着不放，就会流血更多；持续的时间越长，造成的损害就越大。最终，没被妥善处理好的累积型愤怒会在你的心里留下永恒的伤疤，就像你身体上没处理好的疤痕一样。

不像突发型暴怒迅速而猛烈，文尼的愤怒是逐渐积聚起来的。他时常半夜惊醒，为餐馆倒闭的事苦恼不已，他能清楚地感觉到自己对查尔斯的仇恨。文尼每天都幻想着能把查尔斯痛打一顿甚至杀了他的心都有，他不想让这件事就这么算了。文尼似乎更愿意做一个停留在煎熬里的受害者，而不愿意选择继续过自己的生活。他的愤怒像一个无法愈合的伤口。结果，麦克斯已经把过去抛在身后了，而文尼还深陷其中。自从餐馆倒闭后，他还没有找到一份体面的工作，他像祥林嫂般没完没了地告诉其他人查尔斯是如何毁了他的生活的。大多数时候，文尼都处在内心绝望、愤怒和沮丧之中。可怕的是，自从查尔斯打来电话后，文尼变得更加愤怒："查尔斯干了那么多坏事，他凭什么能还能像自由人一样走在大街上？这不合理、不公平，他应该为此付出代价。"最近，文尼一直开车徘徊在查尔斯的住所附近。他在想："到底是每天凌晨两点钟打电话骚扰查尔斯比较好，还是扎穿他的车胎比较好呢？"谁知道文尼在这种愤怒的状态下能干出什么可怕的事来！

要是文尼意识到他还有其他选择就好了。他就没必要每天花几个小时来舔舐自己的伤口，或者往伤口上撒盐了。但他还是选择把自己困在一个受害者的立场上。不像麦克斯，他做得很好，因为他决定继续过自己的生活。文尼让累积型暴怒控制了自己的生活，过得非常悲惨。如果你也有类似的情况，你要认识到你可以选择。你会选择像麦克斯一样，还是选择像文尼一样呢？

第 2 步：走向内心的平和，放下不满

累积型暴怒是指暴怒情绪随着时间的推移愈演愈烈。让我们拿沙漏打个比方：沙漏的上半部分代表人们平和的心境，对应的状态是没有怨恨、平静、快乐和满足；而沙漏的下半部分则相反，代表着不满、悲伤、痛苦和自怜。沙漏的下半部分累积的沙子就好比你累积的愤怒情绪。每一粒往下掉的沙子都代表着一次新的挫折、一个未解决的冲突、一种道德上的义愤或一次你受到的羞辱。其中的沙粒，有些是你很久以前遭受的伤害，有些是近期遭受的伤害。下面的沙粒如果要堆满可能需要花费几周、几个月甚至几年的时间。然而，过一段时间再看，它们的数量就多得可怕了。下面的沙粒越多，你的感受就越糟。当所有沙粒都漏到沙漏的下半部分时，你就会发怒。

因此，请不要坐视不管。行动起来！把你的沙漏翻过来，这些沙粒不再代表未解决的问题，而是代表你已经解决的冲突、拥有的积极解决问题的能力以及满足感。随着每一颗沙粒回落到积极的一端，你就离暴怒远一小步，同时也增加了内心的平静。

沙漏的比喻让我想起了我一直以来的一个信念：

生活不是在变好就是在变坏。只有当你纵容自己的生活变坏，

并且持续了很长一段时间的时候，才会形成累积型暴怒。

将沙漏翻转过来对你来说也许是一个革命性的选择，从此改善你对自己和这个世界的感受。接下来的三个步骤能够帮你转换思维和行为方式，这样你会得到更大的满足感。

第3步：检查你当前的想法和行为

当怨恨无法释怀的时候，人们很容易走向累积型暴怒。当有人怠慢了你，或者忘记给你回电话，你可以这样想："生活中这样的情况很多，每个人都会遇到，没什么大不了的。"如果你钻起牛角尖，一直想着"他们怎么能这样对我，他们以为自己是谁"时，那你就会找到更多的理由来怨恨他们。当然，并不是每个心有怨恨的人都会变成累积型暴怒者。区别在于，累积型暴怒者会让他们受到的伤害累积在其大脑中，直到他们再也受不了。他们不停地想着别人对自己的背叛和伤害。他们沉溺于生活的不公，酝酿着心中的怒火。积累到"再也受不了了"的阶段，暴怒情绪就会喷发。

因此，想要阻止暴怒，其中一个方法就是不让自己产生怨恨。要做到这一点，你必须定期进行专门的心理反思。

你可以从现在开始做自我反思：现在有没有发生过让你产生怨恨的事情？比如与伴侣的争吵、工作中的冲突、与亲人发生口角、难以解决的现实问题、和朋友闹翻、近期的政治事件、经济上的困难、对周围的不满……种种原因都会助长愤怒。

这有一个例子。

> 摩根和珍妮是室友，她们在有线电视费的支付上出现了分

歧。摩根上个月没有和珍妮商量就开通了有线电视服务，不过看珍妮用得还挺愉快的，摩根认为自己已经得到室友的默许了，所以摩根认为珍妮应该付一半的费用。但珍妮说有线电视不是她订购的，她不需要它（尽管她也看），所以她不应该支付任何费用。本月账单寄来了，摩根在此时有两种选择：第一种选择，她因为这个问题得不到解决而烦躁不安，将其变成心里的一件大事。随后这个事件就变成沙漏里的一粒沙子，通过涓涓沙流进入沙漏的消极的一端，积累她着对珍妮的愤怒。这种想法会让摩根与珍妮的朝夕相处变得煎熬无比。而第二种选择是，摩根可以认为这就是一个不足挂齿的小摩擦，不必为此翻来覆去地想。

想要阻止累积型暴怒的发生，机会就在每一个当下，越早把握住越好——在被"我的生活就要被毁掉了"这样的念头禁锢你的大脑之前，在愤怒毁掉你美好的一天之前。所以，请每天花点时间问问自己："我今天是否积累了怨恨？"如果是的话，在怨恨还是小火苗的时候，就试着让自己放手，现在就这么做，要比把愤怒变为难以阻止的恶魔后再放手要容易得多。

因此，如果你发现了自己有所怨恨，该怎么办呢？通常最好的办法是直接去找当事人，向他坦诚你的想法，通过沟通来解决问题。也许这只是一个可以快速解决的小小的误解；也许你们之间确实存在分歧，但通过相互尊重的协商，就能在不满情绪滋生之前将其扼杀。

在与对方沟通之前，请先找出让你生气或难过的原因，很有可能你只是毫无理由地烦恼而已。你也可以尝试使用下面的训练来反驳自己。这也许能够帮助你从不同的角度来看待问题。

第 4 步：通过"信念替换"训练审视可能导致累积型暴怒的原因

找到暴怒形成的原因非常重要，然后再想办法消除它们。第 3 章中描述的 A-B-C-D-E 的信念替换训练在这里就能派上用场，你可以往回翻看复习。我们采用这个训练的目的是让我们在各种环境中用积极的、可以平复愤怒的想法代替消极的、加重愤怒的想法。举个例子，你可以想象一下，如果将文尼的想法替换成麦克斯的想法——"我不会让查尔斯的行为毁了我的生活"，而不再是——"查尔斯毁了我的生活，让我无法继续生活了"，如果这样的话，也许文尼的感受会好很多。如果文尼能做到，他就不会再被愤怒困住而无法继续自己的生活了。

我相信，你一定可以找到一种不那么愤怒的方式来看待人和事。累积型暴怒只会出现在你用最不友善的想法理解别人的言行的时候。所以请复习第 3 章中"信念替换"训练，从现在起用另一种视角诠释让你怨恨的事件。

第 5 步：用共情来减少愤怒的感觉

你可能会认为伤害你的人都是邪恶的、不道德的、有罪的、可恶的，这种义愤最能激起强烈的愤怒感。这个时候，共情或许能派上用场。共情是消除义愤的解药，共情是指换位思考，这样让你更容易理解别人的想法和感受。不过，共情并不等同于为他人找借口开脱。无论你多么理解他们、同情他们，他们都必须对自己的行为负责。练习

第4章 累积型暴怒，积怨过深导致的疯狂

共情会让你跳出"我是好人，你是坏人"的思维定式，从而培养出感同身受的思维模式。文尼如果去研究一下上瘾行为的话，特别是赌博上瘾，那么他可能会更能理解查尔斯。他可以通过自问自答的方式进入到共情模式：查尔斯是怎么沉迷于赌博的？他为什么停不下来？当查尔斯在赌博的泥淖里越陷越深的时候，他在想什么，有什么感受呢？他现在怎么样了？

共情有两种类型：第一种是试图真正理解他人的思维方式，我称之为认知共情。这种共情可以运用在当某人做了你不喜欢的事情，有可能引发怨恨的时候，你试着换位思考：如果你是那个人，你当时可能在想什么？对那个人来说什么是最重要的？什么才是对方看重的、想要的、需要的东西？第二种共情是情感共情。事件发生时对方是什么感觉？害怕？生气？尴尬还是悲伤？

这里有一个利用共情来放下心中怨恨的桑迪和他13岁继女贝茨的故事。

在桑迪和贝茨的母亲布里安娜结婚登记后的头几个月里，贝茨很少和桑迪说话，这让桑迪很生气。当他下班回家走进贝茨房间向她问好的时候，贝茨对他爱答不理。但是同时，贝茨却和母亲热情地大声说笑着。桑迪感到十分受伤和气愤。因为在桑迪的原生家庭里，他的父母同样也把更多的注意力放在他哥哥上，桑迪深感自己是被忽视的那个人。此时他正遭受着贝茨对他的冷遇，这勾起了他对儿时经历的痛苦回忆，这两种感觉叠加在一起，让桑迪痛苦不已，桑迪心中的怒火一点点地累积起来，他快要爆发了。最后，他决定和布里安娜好好谈谈这件事，布里安娜请桑迪换位思考一下。原来，贝茨的生父不喜

欢桑迪，他不让贝茨搭理桑迪。这样一来，贝茨就夹在了中间。于是，布里安娜问桑迪："如果你是贝茨，你会怎么想呢？"这个时候，桑迪才意识到贝茨可能是因为担心生父不高兴才这样做的。此外，他还意识到，逼着贝茨对他的态度好一点只会适得其反，桑迪决定给她选择的空间，对于她的冷漠不再生气。这样做反而让他们的关系有了转机，他耐心地等待着继女能够接受自己。几个月后，每当继父在场时，贝茨便不再走开了。

当你对他人感到不满时，只要站在对方的角度上思考一下，很多时候便豁然开朗了。你便会意识到对方并不是故意要刁难你；相反，他们跟你一样，只是他们在做当时在他们看来觉得正确的事情。也许你的选择会不一样，但你不是那个人。最重要的是，共情能够大大减少怨恨，从而避免了累积型暴怒的发生。

第6步：四种方法教你消除挥之不去的怨恨

如果怨恨不及时消除会有什么后果呢？怨恨就像温暖海域上的热带风暴，如果积少成多，就会形成飓风。当你恨透一个人的时候，你就很容易发怒。如果你不愿意或者没有办法消除掉怨恨，它就会慢慢地转化为仇恨。仇恨也和愤怒一样，会让一个人的心变得又冷又硬，一旦这样，仇恨就会变得像一块坚硬的岩石一样，更难消除了。当你恨一个人的时候，你满眼都是他的可恶之处，在你的眼里，他就是一个恶魔。而且，对一个人的仇恨很可能会转化为暴怒，比如文尼心中对查尔斯充满仇恨，随时准备攻击他。

仇恨是累积型暴怒的燃料。所以，如果你有累积型暴怒倾向，你就要想办法释放掉心里的仇恨。

怎样才能放下仇恨呢？我给你提供四种方法：分散注意力、淡然处之、宽恕，以及和解。分散注意力是最简单的，话虽如此，但是简单并不一定意味着你就能做到，所有这些摆脱仇恨的方法都不容易。毕竟仇恨就像是突然闯进来的不速之客，而且还是赖着不走的那种。

分散注意力是指人们通过做其他事情来转移自己的注意力。对麦克斯来说，分散注意力的方法就是找到一份新工作，并且一直待在他喜欢的领域——有机食品行业。还比如努力让自己忙起来，这样就不会一直去想不好的事情。这也是一种分散注意力的方法，这样做的目的不是为了解决这个问题，也不是为了和那个伤害你的人重归于好，而只是单纯地为了减少你无谓的胡思乱想。戒酒协会有句名言——"别让它赖在你大脑里"。也就是说，你有权重新让自己变得开心，当你意识到自己跟以前相比，不再常常想起那个伤害你的人了，你就成功了。

淡然处之意味着当你想到那些伤害过你的人时，不会再带有强烈的情感了。那个人，连同他造成的伤害，都已经成为你过去的一部分了。当时的确让你很痛苦，但现在结束了，持续不断地对已经发生的事情感到痛苦是没有意义的。过去虽然无法改变，但你可以把它抛在脑后。比如，如果文尼能够重新提起查尔斯，并且不带有强烈情感的时候，他就达到了一种淡然处之的状态。

当你想起伤害过你的人时，胃不再难受、心情不再起波澜、声调也不再高八度，你就成功做到了淡然处之。这个时候你就会清楚，他们是他们，你是你，你们可以井水不犯河水地生活着。

接下来的两种方法——宽恕与和解，它们要比分散注意力或淡然处之更难做到。但从长远来看，这两种方法对你来说会更有益处。宽恕与和解能够帮你愈合关系破裂的创伤，它们还提供了另外一份很棒的礼物——能够让你觉得生活真的可以变得更好。"

我认为迄今为止，关于宽恕，最好的定义是："宽恕就是让某人重新回到你心里。"这是精神分析学家罗伯特·卡伦（Robert Karen）2001年提出的概念。他认为，宽恕是对伤害过你的人的一种同情和慷慨。你没有义务一定要去宽恕某人（尽管一些神学家不同意这种说法，因为他们相信上帝期望众生都能宽恕别人并且被别人宽恕）。倘若逼你宽恕，只会给你带来额外的压力。然而，宽恕是一种非常好的治愈体验，它也是一个蜕变的过程，因为当你原谅别人的时候，就意味着你自身发生了改变。

你需要认识到一点：当谈到宽恕时，你不能一味地认为对方是坏的，而你是对的。纸上谈兵当然容易，但做起来非常困难。你必须有意识地同时记住别人做过的好事和坏事。例如，当麦克斯回忆起三兄弟餐厅时，他说："当时是查尔斯说服他和文尼创业的。如果不是查尔斯主动，我可能永远也不会意识到自己有多喜欢有机食品这个行业。对此我很感激。"当然，麦克斯仍然记得查尔斯的缺点，只是他看人比较全面，能分清别人好的一面和坏的一面，这样一来，麦克斯就能让查尔斯重新回到他的内心了。

当你听到别人谈论伤害你的人的优点时，如果你不会插嘴去告知别人他的缺点，就说明你多少已经开始宽恕他了。而当你能够一起参与讨论他的优点时，你会有更大的进步。

最后，和解是放下仇恨的第四种方法。和解的意思是通过写信、交谈或面对面地接触等方式重新与伤害过你的人联系。文尼，永远不再信任查尔斯，所以他认为自己无法再与查尔斯见面；不过，如果麦克斯确信查尔斯真正戒掉了赌瘾,他很有可能愿意再次与查尔斯合作。

和解需要信任。你必须问问自己,为什么你认为这次和伤害你的人互动会和以前不同?是否有证据表明对方已经改过自新了?他做事的方式有所改进了吗?如果是,那么这些变化能持续下去吗?真正的和解通常需要很长时间,对方要努力地证明自己能够始终如一地以恭敬的态度行事,就像人们努力证明自己值得被信任一样。宽恕是你自己的事,而和解需要双方或多方共同努力来重建关系。

当你确信伤害你的人已经改过自新,不会再次伤害或背叛你时,你就已经做好了和解的准备。或者,当你看到对方的优点远远超过他目前的缺点(不好、不成熟、不负责任……)时,你也可以考虑和他和解。

你需要放下对任何人的仇恨吗?这样做能够帮助你摆脱愤怒吗?那么请思考以下三个问题。

- 有什么新的想法能够帮助我减少对伤害我的人的仇恨或愤怒?
- 当别人伤害我时,他是怎么想的?他当时的感受是什么?除了想伤害我之外,他还有什么动机?
- 我要用哪种方法来消除仇恨呢?分散注意力、淡然处之、宽恕,还是和解?

累积型暴怒会剥夺你享受生活的能力。幸运的是,过去的伤痛是可以被消除的,这可能是让你对自己、对他人、对这个世界保持良好心态的唯一方法。

Rage

Rage

A Step-by-Step Guide to Overcoming
Explosive Anger

第 5 章

生存型暴怒

特里：一个为了活下去而战斗的小伙子

特里今年 16 岁，他在三兄弟中排行老二。特里的父亲并不是个好父亲，动不动就打孩子。而且在三个孩子里，父亲对特里的态度是最恶劣的。因为父亲觉得特里太软弱（尽管这在别人看来这叫善良），父亲告诉特里，自己打他是为了让他坚强起来，但特里根本不相信，他认为父亲只是利用教育他的借口趁机对他拳打脚踢。因此，为了保证自身的安全，特里尽可能地不回家。

特里能应付父亲家常便饭式的殴打，甚至也能忍受父亲用皮带对他的"训诫"。但今晚父亲的行为非常怪异，他一整天都在喃喃自语，喝了很多啤酒，现在又摇摇晃晃地走进特里的卧室，表情狰狞可怕，还口口声声说他打算狂揍特里一顿。这次，特里被父亲堵在自己的房间里，无处可逃。

就在这时，特里仿佛变成了另一个人。他朝父亲冲了过去，连声尖叫道："别打我，别打我！"说完，他一头撞向父亲的胸膛，把他撞到墙上。他听到父亲也在大喊大叫，威胁说要杀了这个儿子，随后特里的大脑就一片空白了。直到特里的哥哥乔治和弟弟、他的母亲还有两个男邻居把他重重地压在地上后，他才恢复了意识。接着他看到了父亲已经躺在地板上不省人事，浑身是血，满身伤痕。他大感不解地问道："发生什么事了？"哥哥乔治告诉特里，他和父亲打了起来，整个过程中，他一直在嘶吼"别打我"。乔治闻声赶来的时候，特里已经把父亲撞倒在地了，父亲站了起来，又朝特里走过去。特里冲着父亲的眼睛继续打了一拳，再次把他打倒在地。特里还朝父亲的肋骨踢了几脚，并重重地踩在了父亲的脸上。此时，父亲已经失去了意识，但即便父亲已经没办法再还手了，特里还是一边不停地大喊"别打我"一边不停地踢父亲的腿。哥哥和弟弟两个人没办法控制特里，母亲只好去找邻居求助。"特里，你刚刚疯掉了。你大喊大叫，拉也拉不住，一直在打爸爸。我们还以为你要杀了他呢。"哥哥说。

10 年之后

特里现在 26 岁。自从第一次和父亲打架之后，他已经有好几次因为暴怒而暂时失忆的经历了。令他困扰的是，虽然没有人再威胁他的生命，但这种情况发生的次数却越来越多了。特里跟我们讲述了最近一次暴怒的情形：

> 几个星期以前，我和两个朋友参加派对。我只喝了几瓶啤酒，根本没醉，甚至连微醺的感觉都没有。我发现乔伊在用似笑非笑的眼神看着我，好像在问我敢不敢打一架。我很害怕，但同时也很生气。我觉得一阵冷一阵热，这两种感受在我身上来来回回地交替着。突然，我觉得他要跑过来打我了。我不能坐以待毙，所以我走过去迎接挑战。接下来我记得的是，有人把我拉开了，我愣了足足有五分钟，随后我被赶出了派对。我的朋友说我在派对上大声叫骂，一直说自己绝对不能被欺负，

他们还说我威胁说要杀了那个家伙。朋友回忆说，从我的眼神看得出来我当时是真的想杀人。

特里不知道自己是怎么了，他说他很焦虑，但这种焦虑挺奇怪的："好像总有人想要打我一样。我得做好防御措施。我觉得自己就像在边疆巡逻的站岗哨兵一样，说不准什么时候就会有人朝我开枪。"特里非常苦恼，他无法相信任何人，在这个充满危险的世界里，他感到极度缺乏安全感。他没有办法摆脱这种迫在眉睫的危险感。"但奇怪的是，我根本没有遇到任何生命威胁，自从那次殴打父亲以后，父亲就再也不敢打我了，而我住的地方治安也非常好。我有一个温柔体贴的女朋友，每当她看我发疯的时候都不明白我到底在想什么。我也不明白，我究竟怎么了？"

你有生存型暴怒的倾向吗

你有生存型暴怒的倾向吗？

- 我和别人打架的时候，人们很难把我拉开。
- 我非常生气时，会威胁说要重伤甚至杀了别人。
- 在某些情况下我很容易受到惊吓，比如有人从后面拍我肩膀的时候。
- 当我生气的时候，会像生命受了威胁一样要和别人拼命。
- 当我觉得有危险时（不管这种危险是客观存在的还是主观臆断的），我会勃然大怒。
- 朋友们认为我有妄想症——总感觉周围的人会伤害我。
- 生气和害怕两种情绪交织在一起时，我会有或战或逃反应。

如果有很多条状况都曾在你身上出现过，甚至是经常出现，那么你可能有生存型暴怒的问题。

生存型暴怒是一种人类赖以生存的、原始的、基本的情绪。生存型暴怒要表达的信息很简单："你威胁我，你可能会杀了我，所以我必须先下手。"大多数生存型暴怒者，在他们人生中的某个时刻［幼年时期、青少年时期（帮派中）、战争时期（战场上）、一场严重的车祸或工业事故中、一场性侵犯或持续的暴力关系中］曾经受过死亡的威胁。如果你受到这种愤怒的折磨，就意味着你遭遇了可怕的事情。这种事情也许只发生过一次，也许经常发生。生存型暴怒是对你面对危险时的反应，其目的是为了保护你自己。但不幸的是，这种反应可能会过度，你可能会在没有实际危险的情况下也勃然大怒，在没人想杀你的时候也拼死反抗。

本章会介绍生存型暴怒形成的原因。如果你是一名生存型暴怒者，那么在开始之前，你必须思考一下接下来的问题：在被虐待的时候，你是否很容易陷入受害者的角色？比如："唉，我发疯还不是因为他们。毕竟是爸爸（妈妈或其他人）虐待我，他把我这辈子都给毁了，我也没有办法，只能这样。"如果总是怀着这种想法，就说明你根本没下定决心去控制暴怒，而是在找借口。这些借口的核心是"我停不下来""我不受自己控制""我改变不了""这不是我的错"，的确，这不是你的错，你并非故意成为生存型暴怒者，但你可以阻止它、控制它、改变它。你有能力学习停止暴怒的方法。如果不是，那么你读这本书还有什么意义？

当然，我并不是想说摆脱暴怒很容易，尤其是生存型暴怒，更非如此，不过，这也的确是可以做到的，第3章中所讲到的控制突发型暴怒的方法加上本章后面即将学到的控制生存型暴怒的方法，都可以帮助你摆脱暴怒。

现在，要么你来控制愤怒，要么让愤怒控制你，你会怎么选择呢？

很高兴你希望选择前者，那么，如何控制暴怒呢？第一步就是了解具体行为发生的过程和原因。接下来，我们先了解一下：生存型暴怒是怎么形成的。

恐惧和创伤：生存型暴怒的根源

当特里问道"我究竟怎么了"的时候，其中一个可能的答案是："特里的大脑可能是因为儿时遭受虐待而受到了损伤。"众多神经学家已对恐惧和创伤做了不少研究，尤其是约瑟夫·勒杜（Joseph LeDoux）博士，自20世纪90年代末以来，他撰写了不少关于恐惧和创伤如何影响大脑的文章。他的研究成果简单总结如下。

1. 情绪对人类的生存非常重要。它为我们提供重要信息，帮助我们保持警惕。情绪告诉我们"你得多多注意，这很重要的""小心，这里有危险""千万不要忘记这个，否则会死的"。有时，为了表示感谢，它还会说"这么做的效果很好，让我们继续保持"。

2. 如今，我们的大脑已经发展出处理各种情绪的神经通路。这些神经通路就如城市中的道路一样通向大脑的各个部位，有些通路像经常堵车的城市街道，但一些通路因使用得比较多，则更像城市的快速路。

3. 想象一下，当你从眼角瞄到或感觉到危险存在的时候，比如身后出现一个不断靠近的影子或是朝你走来的人时，你的大脑便开始工作，必要时它会告诉你的身体做好战斗或逃跑的准备。然而现在不是悠闲思考的时候，如果你真的遇到了危险，最好马上躲开。因此大脑已经建立了一个即时响应的路径，随时做好提示和预警的工作。因此，不到四分之一秒后，预警信息迅速发送给杏仁核。杏仁核是大脑的情绪预警中心，它的工作就是在你的大脑和身体中大喊"危险！危险啊！危险啊~"。当杏仁核发出提示时，你首先要按兵不动，找出危险存在的位置。与此同时，杏仁核会指挥肾上腺向身体释放压力激素——皮质醇，这样你就做好了捍卫自己生命的准备，以防止那个向你靠近的影子真的是你的敌人。

4. 但请等一下！如果那不是敌人呢？或许那是邻居大叔想要过来友善地向你问好呢？遇到事情，如果先开枪再问"你有事吗"会显得很离谱吧。因此，我们的大脑还有第二条路径，这条路径通往大脑更精细化的部位，只有在那里，我们才能对"逼近的人影"有更全面的了解。这个精细化的部位会让你思考："等一下，原来是邻居大叔，不用怕了。"但是，处理深度信息的杏仁核则需要用更长的时间（至少需要额外几秒），才能接收到这条信息。

5. 大脑中还有一个非常重要的部分，就是杏仁核旁边的海马体。海马体帮助人们回忆过往的情绪事件，并从合理的角度来看待它们。它更关键的作用是当危险预警解除时，它会向肾上腺传达停止释放皮质醇的信息。

6. 正常情况下，杏仁核命令肾上腺释放皮质醇，而海马体命令肾上腺停止释放皮质醇，它们两者之间保持着一种脆弱的平衡。想象你的脑海中有两个人并排站着，一个庸人自扰，总是杞人忧天；另一个完全冷静，但可能有点容易轻信他人。杏仁核就像那个杞人忧天的人。它总是一惊一乍："小心啊！危险啊！快跑啊！不打他你就死定啦！别愣着啊！"与此同时，海马体则会说："哦，不会的。你放松点。一切正常。放心吧，我们没有危险。"正常情况下，两者共同作用的结果是非常健康的：当真正的危险来临时，杏仁核马上上任，帮助主人捍卫自己的生命。但发现这只是"狼来了"的错误警报时（大部分时候都是这个结果），海马体就会接管并结束预警。

7. 非正常的情况下，如果你曾遭受过严重的威胁，那么就会破坏你大脑"兴奋"和"冷静"之间的脆弱的平衡。因为在极度危险的情况下，肾上腺会释放出过量的皮质醇，导致海马体严重受损。结果，当杏仁核告诉肾上腺继续释放皮质醇时，海马体就再也跟不上了。杏仁核兴奋地大喊"再来多点皮质醇！"而海马体则只能气若游丝地说："别放那么多……"海马体会逐渐变小，效率降低，有时会缩小到正常大小的六分之一。

8. 这意味着，像特里这样的人只能生活在一种永远焦虑不安的状态中。他们的大脑经常误判，在毫不起眼的角落里都能发现危险。黑影一定是敌人，约吃饭就一定是鸿门宴，绳子必定是条蛇。特里受到精神伤害，大脑受损，这严重扭曲了他对外界信息的判断，他的情绪状态是恐惧而充满戒备的。特里的这种想法一刻不停下来，他就一刻也不能安宁。特理的大脑和其他受过精神伤害的人一样，创伤已经将其"改造"成应对危险世界的预警模式了。

从恐惧想逃到防御性攻击

特里小时候每天都提心吊胆的经历逐渐形成了所谓的防御性攻击，言下之意即为"我很危险，我要站起来保护自己"。还记得特里在派对上与陌生人的故事吗？他意识到危险只是因为他认为对方似笑非笑地看着他。许多大脑受过创伤的患者都遇到过类似的情况，他们对危险表现出过度的敏感。事实上，根本没有迹象证明对方想和他打架，但特里却非常肯定对方就是想打架，于是他立即向目标敌人发起了攻击。

防御性攻击的原理就像恐惧情绪，是面对威胁时的一种反应。面对威胁，处于防御性攻击状态下的人选择的不是逃跑，而是转向与目标敌人战斗，通常是希望把对方吓跑，或者自己第一个出拳。特里将逃跑变成了战斗，把恐惧变成了暴怒。他觉得暴怒比害怕更强大、更有安全感。此外，特里也许还受到传统的性别教育的影响，像其他男人一样，被灌输着"男人不能怂"的观念，认为自己不应该向恐惧低头。因此，特里才会表现出暴怒而不是恐惧，他向对方逼近、怒视、声音提高八度、不断挑衅。这种方法有时奏效，能让对方知难而退；有时也有可能会引发对方的愤怒和防御性攻击，导致发生无用的争吵、推搡，甚至更大的冲突。

造成生存型暴怒的元凶：错误警报、曲解现实

特里是不是有点偏执？他确实是偏执，虽然还不到需要服药的程度，但也足以让他身陷麻烦。特里一直在曲解现实，具体来说，是在没有危险的地方看到危险，在没有威胁的地方看到威胁。

这就是问题所在。特里的大脑会先预设周围遍布危险,然后它不停地搜寻威胁生命的危险迹象。只要有任何蛛丝马迹(比如一个男人朝他似笑非笑),都会被他夸大和歪曲,所以导致事情看起来比实际情况要糟糕得多。即使真的没发现危险迹象,特里的大脑也会编造一个出来。这么说吧,大脑就像是在不断地发送"狼来了"的信号给特里。

遗憾的是,特里并没有慢慢变好,反而随着时间的推移,情况却越来越差。因为每一次"狼来了"的信号都会激发更多的皮质醇和肾上腺素,人体会占用更多身心资源去抵抗它。这些化学物质持续侵蚀着特里的杏仁核和海马体,影响着他整个的神经系统。此时的特里就像在滑梯的上滑行,离"正确判断"的起点越来越远,而他在滑梯上却停不下来。

因此,特里陷入了恶性循环,变得越来越不理智。他区分不了真正的危险和想象中的危险,并对感知到的威胁产生了过度反应。每当他这么做时,他都会难以控制自己的身体和情绪。特里正在成为一名暴怒者。确切地说,这种暴怒就是因对现实误判而导致的生存型暴怒。这种暴怒看上去和感觉上都和真实的生存型暴怒一样。唯一的区别在于,在真的生存型暴怒中,存在真实的威胁生命的危险,而假的生存型暴怒中,并没有真正的危险。

生存型暴怒是一种生物应对威胁时的对抗反应

愤怒和恐惧是两种密切相关的情绪。比如,它们都需要经过大脑的杏仁核,它们都需要大脑的密切配合,当危险在即,人们不得不迅速决定是坚守阵地还是逃跑,这是一个典型的或战或逃反应。像特里这样的人在暴怒时似乎会产生强烈的战斗或逃跑反应。

我们做个假设,此时你是一个小侦察队的一员,在侦察时你本想着只会遇到几个敌人,结果,你遇到了一个连的敌人,他们在人数上就大大超过了你这一方。那你该怎么办呢?你必须一边逃跑,一边朝敌人开枪,这样才能活下来。这时你会有什么感觉?你感到既愤怒又恐惧,愤怒让你向敌人开枪,恐惧让你赶紧逃跑。

我认为,生存型暴怒通常是由非常强烈的恐惧和非常强烈的愤怒共同引发的,这两种情绪的结合完全盖过了理性。的确,从暴怒者身上你只能看到愤怒。但不要忘了关键的一点,即"如果我不先杀了你,你就会杀了我"的杀人动机与"我要杀了你来得到我想要的"或"妨碍我的人都该死"的杀人动机是非常不同的。前者是由对死亡的恐惧而引起的防御性攻击行为。

为什么认识这一点如此重要?这意味着特里和其他生存型暴怒者必须同时解决自己的恐惧和愤怒。这也意味着安全感是控制暴怒情绪的关键。因此,在这种情况下,我们不能只谈暴怒管理,我们还要帮助生存型暴怒者改变他们看待世界的方式。

但问题来了。这些精神受到创伤的人看到是一个时时刻刻、每个角落、每个人都可能是非常危险的世界。没有所谓安全的地方,没有所谓安全的人。最重要的是,他们常在没有危险的地方感到危险。那么,特里(或作为读者的你)如何才能摆脱生存型暴怒呢?答案很明显,就是重新训练你的大脑。他要慢慢地说服自己生活的世界早已足够安全,不需要一边逃跑一边开枪了。请注意,"足够安全"并不意味着完全安全。没有人能生活在一个完全没有危险的世界里。足够安全的世界是一个你感觉不到日常生活中有直接危险的世界。一个足够安全的世界是指大多数人，尤其是和你最亲近的人，都会站在你这边，他们想要保护你而不是伤害你。

如何摆脱生存型暴怒

想要摆脱生存型暴怒，你必须完成以下四个步骤。

第 1 步：随时质疑自己对现实危险程度的判断

人们通常对自己大脑的判断力很有信心。但如果大脑给你的信息是错误的、夸大扭曲的呢？在你明白这一点后，你做事的方式会不会很不一样？这就像特里这样的有生存型暴怒倾向的人所面临的问题。他们的大脑在不断地放大周围环境的危险程度。

科学家德布拉·尼霍夫（Debra Niehoff）研究愤怒和暴力多年，他在 1998 年写道："缓和暴力行为的关键是调整对威胁的感知能力，这样才能对现实状况予以正确的回应。"他想说的是，我们的大脑需要能够准确地区分危险（什么情况没有危险，什么情况有点危险，什么情况很危险，什么情况极度危险）。但这对遭受过精神创伤的人来说是很难做到的。他们可能会反复误判，错误地认为自己正处于危险之中，且他们对现实状况的误判会引发不必要的生存型暴怒。

如果你有不必要的、危险的生存型暴怒问题，那么你必须学会质疑自己对现实状况的感知和理解的准确性。你必须把大脑训练得像侦探在听可疑的案件一样，具体点说就像这样。

大脑："真的，警官，派对上那个家伙在威胁我。"

侦探："当然，你总是这么说。麻烦你提供一下证据。"

大脑："你看，他似笑非笑地看着我。"

侦探："哦，得了吧。他不过是像在场的其他人一样环顾一下四周罢了。"

大脑："但他一副凶巴巴的样子，像我的父亲。"

侦探："那是因为他和你父亲一样留了胡子。你不能因为他留胡子就这样抨击他吧？"

大脑："你真的认为他没有在威胁我吗？"

侦探："拜托，他根本就不认识你。他只是派对上的客人，并没打算打你，放心吧。"

大脑："好吧，那我试试。"

我的观点是：如果你有生存型暴怒的倾向，请不要相信大脑对于威胁的判断。你的大脑也许可以正常胜任其他工作，但在识别危险这个任务上确实经常漏洞百出。所以，当你感觉到威胁的时候，你必须认真审核大脑交来的报告，不能掉以轻心，因为审核并不意味着你只需要把注意力放在危险上而已，你还要积极主动地寻找安全的线索。

要是身边能有几个好朋友，他们也许能帮助你看清状况。你脑海里的侦探先生有时也是需要帮手的。

你："朋友啊，我跟你说，你看到那个人了吗？我觉得他在我似笑非笑地挑衅我。"

朋友："兄弟你别瞎想了，我认识那个人，他很友好。"

第 2 步：默念几句忠告，然后百分之百履行忠告

海伦妮今年 50 岁，家境不太好。她整天都在为钱不够花而发愁。但是有一天，她突然想到了一个词，马上就感觉好多了。现在，当她再次担心自己没钱时，她会对自己说："足够了。"就是这个词——"足够了"，一下子让她觉得自己的钱够用了。

这正是特里可以效仿的方法之一——改变自己的思维和观念。当然，他的词并不需要和海伦妮的一样，这个词只需要简单有效即可。这个词或短语需要具备以下几个特点：

- 简单；
- 准确；
- 有助于保持冷静；
- 可以有效地阻止暴怒蔓延。

请不要忘记，大脑对危险的感知是瞬间的，不会超过一秒。也许你一开始会有惊吓反应，但几秒钟过后，你开始恢复理智，大脑开始接收到后面陆续送来的更加完整的信息，更加完整的信息通常会让你冷静下来，前额叶和海马体开始发挥作用，帮助你分析出事情的真实全貌。然而，如果没有这微小的时间差，一些脆弱的人就会濒临生存型暴怒，特别是那些大脑曾被创伤伤害过的人。而这套自我暗示的方法是为了在大脑和情绪之间架设一条通路，目的是在恐惧感刚要冒出来的时候，马上用有效的忠告进行干预和修正。

我相信大部分生存型暴怒者都能找到自己的救赎忠告。但正因为每个人的情况各有不同，所以这意味着特里或其他人的救赎忠告不一定适用于你。如果你有生存型暴怒倾向，那么你的任务就是找到一两

个对自己有用的忠告。你可以在下面这些忠告中选择出一个适合你的来改良一下：

- 慢一点；
- 我很安全；
- 没有危险；
- 冷静；
- 相信老天爷；
- 再考虑一下；
- 深呼吸；
- 没有坏人；
- 放松；
- 这完全是"狼来了"；
- 别想太多；
- 没事。

当然，这些忠告需要直达大脑的情绪中心，它们不需要天花乱坠，也不需要晦涩难懂。那么，你会用什么忠告来阻止自己的愤怒呢？

还需要提醒一点：这个忠告需要经常使用，否则效果不大，千万别等到"觉得派对上的那个人对你似笑非笑"的时候才开始练习。从现在开始，每天练习对自己说这个忠告。比如，你可以在每天早上洗澡或照镜子的时候对自己说"没有坏人"。把这个忠告融入你的脑海里、你的心里、你的灵魂里，让它成为你生活的一部分。

第 3 步：和安全的人待在一起

到目前为止，我们所有的讨论都建立在安全的生活环境基础之上。但假设你确实生活在水深火热的环境里，又该怎么办呢？比如，你有一个有暴力倾向的伴侣；或者你所在的社区治安环境极差，是毒贩们的天堂；或者你属于黑帮一员，暴力和流血都是家常便饭；或许你经常去的酒吧有许多惹是生非的混混；或许你是战争时期的服役军人；或许你还只是个青少年，遭受到性侵或被父母（亲人）家暴；或许你正身处监狱，里面的犯人随随便便就能置你于死地……

在这种情况下，怎么能苛求你能控制住自己的情绪呢？此时生存型暴怒很可能会变为一种非常有用的保命工具。但换个角度来说，当情况很危险时，生存型暴怒只能是权宜之计，动脑筋、计划和逃避威胁总比直面威胁要好得多了。

在这种情况下，逃离危险是你最应该做的事情。请抓紧时间，早一步脱离危险的环境，你就能早一步告别提心吊胆的生活。请想办法离开家暴你的配偶——无论对方是谁，他永远没有打你的权力；请考虑金盆洗手，脱离帮派，回归正常人的生活；如果父亲喜欢打你，可以看看能不能选择和母亲住一起，如果父母都有暴力倾向，你就要想办法逃离这个家庭；如果小区治安环境不好，那么请你尽快搬离，哪怕换份工作也没关系；如果这家酒吧经常出事，那就请你去另一家酒吧消遣，或者干脆戒酒。请记住，安全才是最重要的。解决了安全问题，就解决了最大的问题。有安全感的人摆脱生存型暴怒要容易许多。

也许我刚刚说的都太理想化了。或许你必须上战场服役一段时间；或许你根本没有钱搬家；或许法院判决你和父亲待在一起；或许你舍不得离开经常打你的配偶；或许你要在监狱服刑几年；或许你每天都不得不面对危险……不过，你还是可以做一些事情的——一些为了生存必须要做的事情，如找到安全的朋友，和他们在一起。这样，即使在困境中你也能找到最大的安全感。

什么样的人能让人产生安全感？首先，请记住，预测一个人的未来最好是看他的过去。因此，能带来安全感的人是那些过去从来没有打过或伤害过你的人，他们也没有打过或伤害过其他人。其次，能给你安全感的人愿意尽可能地保护你，提醒你远离危险，在你需要的时候他们会出现，他们会帮助你，设法保护你的安全。然后，这些人言行一致，值得信赖，他们不会表面上是朋友，背后却"插你一刀"。再者，他们会关心你、挂念你，主动询问你的状况，并尽可能给你提供帮助，他们真心希望你能过得更好。最后，和能给你带来安全感的人在一起，你会感受到安全，也许你一开始没有感受到，但时间长了，你会慢慢信任他们。

所以，请主动寻找那些能给你带来安全感的人，尽可能地和他们待在一起，从他们身上学习真正的安全感。也许最终，你也能让他们感受到安全。

第 4 步：寻求帮助，设法处理创伤，和过去做一个了断

目前，特里在和一个叫玛西的很有亲和力的姑娘约会。她很体贴，很会关心人，也很善于倾听。一天，玛西对他说："特里，和我多讲一些关于你以前的故事吧。"特里听了十分惊喜，因为他想让她了解自己童年时受过的伤害。不过，他一开始还是有些犹豫，担心谈

论自己人生中的灰暗面不利于他们交往。但玛西鼓励他说出自己的故事，因为她很想了解关于他的一切。

最初一切都很顺利。特里告诉玛西他家境贫寒，三餐不保。讲到这里，他决定碰碰运气，告诉她父亲殴打自己的事情。突然，情况开始变得不妙，他感觉到自己仿佛又回到了过去。他回忆起自己第一次暴怒和父亲打架的场景，想起那次父亲喝醉酒，来到自己卧室，想起了那时惊恐而愤怒的自己……特里的眼睛开始直勾勾地看着前方，但似乎并没有在看现实的东西，他开始浑身发抖，嘴里一直说着："别打我，别打我！"就像他第一次暴怒时一样。玛西很快意识到他状况不对，她摇着特里的肩膀，试图把他摇醒，结果特里一拳把她击倒在地。事后特里解释说，当时他完全没看到眼前的她，他以为自己在打父亲，而不是玛西。他觉得自己好像又在为了活下去而打斗了。他花了15分钟才从往事中走出来，又花了几个小时才让自己冷静下来。

受过精神创伤的人有时会陷入过去，就好像被拉进了记忆的黑洞，怎么都逃不出来。过去的噩梦笼罩着他们现在的生活。这时候，即便已经是成年人，也会重新回到那个曾经绝望而恐惧的孩子时的状态，连他们的感受和想法都和当时一样。

当你被困在过去的时候是很难保持理性的。而且，当你感觉完全被威胁包围的时候，很难摆脱暴怒情绪。因此，我强烈推荐你去寻求他人帮助，处理一下过去的创伤，特别是如果你有上述分离性体验的话。我很高兴地告诉你，有人是可以帮助你的——他们可能是你的好朋友、你的老师、或你的家庭成员——他们宽容、敏感、了解你的情况，也很有耐心。你也可以考虑尝试专业的治疗方案，如今许多处理创伤体验的心理治疗师都接受过专业的培训，旨在帮助来访者克服过去的创伤，并确保来访者在这个过程中不会受到二次伤害。让专业人士帮忙，你就不必担心自己说的一些话或做的一些事会伤害到你所爱的人了，你也不用担心治疗师会被你伤害到。

无论是寻求亲友还是治疗师的帮助，你的目标都是为了让过去和现在做一个了断，停止不必要的生存型暴怒。

生存型暴怒来得又快又猛，它们是原始的、强大的、危险的冲动。但你要相信自己可以控制这种暴怒情绪。你完全没必要让它们毁了你的生活。

Rage

Rage

A Step-by-Step Guide to Overcoming Explosive Anger

第 6 章

无力型暴怒

卡琳：一个感到无力和愤怒的女人

今年40岁的卡琳和结婚15年的丈夫克拉克离婚了，卡琳道出了离婚的主要原因："克拉克控制欲太强了，方方面面他都管着我，让我简直不能呼吸。"但不幸的是，她还不能远离克拉克，因为他们的两个孩子需要由两人共同抚养。即便他们已经离婚了，这个男人还是想控制卡琳。当她带孩子的时候，克拉克经常打电话给她，教她怎样带孩子，如果她不听他的话，他就会说很难听的话、咒骂她，指责她是一个"没用的"母亲。

克拉克有时会故意激怒卡琳。就在前几天，他原本答应要去足球训练班接孩子，结果他没来，害得卡琳不得不提前下班去接孩子。当她责怪克拉克的时候，他居然还嘲笑她。他还让孩子们也讨厌卡琳，他给孩子们买一些她买不起的东西，告诉孩子们卡琳是导致他们离婚的罪魁祸首。他对卡琳说，是她毁了这个家，毁了孩子们的生活。

卡琳深知自己不应该理会克拉克这些无聊的把戏，也不应该回应他的满口胡言和理会他的蓄意操纵，更不应该觉得有什么可内疚的。但这只是她的奢望，她发现自己被克拉克的行为给困住了。"他接下来要干什么？他为什么要这样对我？他为什么还在纠缠我？"她甚至比离婚前想起克拉克的次数还多，但最糟糕的是，卡琳感觉她仍活在克拉克的控制之下。她绝望得无法呼吸，无法在前夫面前捍卫自己的权利，这让卡琳变得越来越狂躁。

卡琳对克拉克很生气。她会时不时地对他大喊，让他滚。但这些都属于小愤怒，就像休眠火山喷出的蒸汽。她也会时不时地收到克拉克的诉讼通告函，被告知克拉克又把她告上了法庭，让她支付孩子们的抚养费，理由是去年他带孩子的时间比卡琳多了一天，他还慷慨地让孩子们多在卡琳家过了一个平安夜！这不，说曹操曹操到，克拉克此时正从车道上走过来，他那吊儿郎当、若无其事的态度一下子点燃了卡琳的怒火！

卡琳气疯了，她就像骂街的泼妇，把诉讼通告函撕碎并扔在他脸上。尽管前夫体重超过200磅，她还是拼命地推搡他，卡琳说着自己从未说过的话，对着克拉克破口大骂。她越骂越难听，越骂越想骂。当克拉克想躲进车里时，她打开了另一侧的车门，继续对前夫咆哮。她怒不可遏，边说边吐口水，仿佛地球末日也阻止不了她的这顿发泄。她骂了半个多小时，除了几秒钟喘气的时间，她就一直在骂街。如果说她之前像是休眠的火山，那么此刻她就是一座喷发着怒火的活火山！这时的卡琳暴怒不已。

请你注意，卡琳的暴怒不同于第5章中特里的生存型暴怒。比如，卡琳仍然保有觉知意识（没有失忆）。最重要的是，让卡琳暴怒的原因是极度的沮丧和无力感，而不是对死亡的恐惧。卡琳此时正在经历无力型暴怒。

什么是无力型暴怒

无力型暴怒是指当人们无法控制重要局面时，由无力而引发的一种极度的愤怒感。虽然当事者倾其所能，想要力挽狂澜，但是并没有收到任何效果。

> 得了癌症的迈伦同癌症斗争了好几年，他去求神拜佛、去化疗、放疗、更换更好的药物，甚至尝试了靶向药物，但无论他做什么都没能阻止住癌症的恶化，迈伦对此有着深深的无力感，进而愤怒无比。最后，他对着天空挥拳控诉，责备上苍为什么要这样折磨他。天空对他报以静默，迈伦感到更加无力和愤怒。他恨自己，恨上苍，恨他的家人和整个世界。

无力型暴怒通常是逐步形成的。无力型暴怒者会想方设法地去解决问题，就像人们会采用各种方法来烹饪一样。然而，这样的努力并没有收到任何效果。他们越努力，情况越糟糕。卡琳被克拉克的枷锁越锁越紧，而迈伦的病情也越来越重。但他们还是在不断尝试，希望还有其他方法可以改变现状。这种求而不得的痛苦越积越多，最后，压力也越来越大，直到它们爆炸。

你有无力型暴怒的倾向吗

在继续分析之前，我想请你回忆一下你的生活中曾出现过的无力和失控的情况。下面哪句话能够准确描述你当时的感受呢？

- 当人们忽略我讲的话或不理解我的时候，我就想发火。
- 只要我有"我再也受不了了"这一类的念头时，就会勃然大怒。

- 当我遇到无法控制的情形，我感到既无力又愤怒。
- 我一旦对事情失去控制，我就会气得跺脚、摔东西、大声尖叫。
- 我非常生气的时候，我会控制不住地做一些鲁莽的事，即便这种行为会让问题变得更糟。
- 我对那些想要控制我或者控制过我的人怀恨在心。

如果以上描述中有很多条状况都曾在你身上出现过，甚至是经常出现，那么你就可能有无力型暴怒的问题。

你现在怎么样了？还和从前一样吗？今天你离无力型暴怒还有多远？

无力型暴怒的核心

究竟是什么让人们这么生气呢？实际上，无力型暴怒的核心是"失控感"，即当人们面对一些重要的人和事时，由于无法掌控而产生的愤怒。这种描述对于一向以来注重独立、自主、隐私和自我掌控的美国乃至很多西方国家的人来说尤为贴切。在他们看来，我们每个人都应该是自己命运的主人，独立代表着强大，依赖代表着软弱。能够掌控自己生活的人是强大的，而任人摆布的人是可悲的。

当人们感觉自己的生活失控时会发生什么呢？你可以随便去一家普通的养老院来寻求答案。在那里，你会看到一些愤怒的、刻薄的老爷爷和老奶奶。他们对这个世界感到愤怒，因为他们连自己早上什么时候起床、吃什么、和谁说话都决定不了。他们经常说："走开，别管我。"他们讨厌别人限制自己的自由。

人无论到多大年纪，都会反感限制自己自由的行为，也会为此反抗。但遗憾的是，有时不管人们怎么努力，还是争取不到自己的自由。当反抗开始转化为绝望时，无力型暴怒就产生了。

电影《愤怒的父亲》（*John Q*）中，丹泽尔·华盛顿（Denzel Washington）扮演了一个默默无闻、温和的普通人——约翰·Q.阿奇伯德，他为工厂卖命多年却因裁员而丢了工作，无奈只好沦落为游荡街头的无业游民。然而灾祸突然来临，约翰的儿子因为心脏衰竭而住进了医院，急需做心脏移植手术，但儿子不在医院的心脏移植者名单里，约翰只能眼睁睁看着儿子危在旦夕，没钱又找不到人帮助的他能想到的办法只有——回家持枪闯进急诊室，胁迫医生抢救自己的儿子。在无力型暴怒产生前，当事者都会经历一连串的痛苦事件，他们为自己的无能感到愤怒，他们无力掌控自己的命运，内心越来越绝望。

无力型暴怒的六要素

无力型暴怒由六个因素构成，每个要素都像是一股愤怒的溪流，当所有溪流汇聚成大河时，就有可能决堤。到那时，受害者心中只有一个想法——我再也受不了了！然后大发雷霆。

你对以下这些无力型暴怒的构成要素是否有种似曾相识的感觉？

- 认为自己屡次受到严重伤害（身体上、经济上，或是情感上）。
- 怎么努力都无法改变现状。
- 试遍所有合法的方式来解决问题。

- 被问题困扰得茶饭不思。
- 愈发认为自己是无辜的受害者。
- 制订计划并采取专门的行动来报复。

接下来,让我们深入挖掘这些要素,还原无力型暴怒者的真实心路历程。让我们一起分析一下下面的这起无力型暴怒者杀人事件吧。

2005年2月28日,一个名叫巴特·罗斯(Bart Ross)的男子闯入了法官琼·莱夫科(Joan Lefkow)在芝加哥的家。他在这位法官家中潜伏了几个小时,原本是计划杀死这位法官的,但法官的丈夫和母亲发现了他,所以他只好开枪打死了这两位无辜者,匆匆逃走,随后他自杀了,留下了一份遗书,上面详细地记录了他的暴怒历程。

巴特·罗斯是非常典型的无力型暴怒者。他的经历刚好符合之前提到的六个要素。

要素1:认为自己屡次受到严重伤害

20世纪90年代中期,罗斯在芝加哥一家医院接受了口腔癌治疗。在他看来,手术非常失败,导致他毁了容。这是他经历的第一次不公正对待。然而不公正对待接踵而至。他起诉过医院和涉案医生,但均以败诉而告终。他上诉到几个法院也全部被驳回。最后,他在联邦法院提起诉讼,要求伊利诺伊州政府、涉案医生和对方的代理律师赔偿他数百万美元。而莱夫科正是负责这个案子的法官。

故事到这里,我们要注意,这有可能是一件主观上的不公正事件,也有可能是一个集体迫害个体的真实事件。但事件的真实情况并不重要，重要的是罗斯认为他自己的判断是绝对正确的。他深信，在这没有公平和正义的社会里，自己的尊严被反复地践踏，正是这个念头酿成了这场悲剧。

要素2：怎么努力都无法改变现状

罗斯在遗书中写道："律师让我去找医生，而医生却让我去找律师。"他说自己驱车5000英里联系了数百名律师和医生。但所有的努力都只是徒劳。一眨眼10年过去了，他想要的正义还是遥不可及。

如果要用一系列词语描述他的感受，那就是——无力、惶然无措、遭人暗算、软弱、绝望、无人理解、被人联手对付、当作替罪羊、被抛弃。然而，即使罗斯感觉希望渺茫，但他还是无法接受"失败"的事实。于是，他只好继续为自己的案子四处奔波。

要素3：试遍所有合法的方式来解决问题

有时，当你试遍了所有合法的方式去解决问题，但还是不行时，你就很容易走向无力型暴怒。没有人接手罗斯的案子，没有人帮助他。当然，这件事如果换作别人，他们也许早就放弃了，因为即使他们觉得自己受到了伤害，也还是会选择继续过日子。如果罗斯能够这样想，或许三个宝贵的生命就不会因此完结了。可他还是无法收手，既然合法的方式都走不下去，那么他也只能选择更激进的方式了。

要素4：被问题困扰得茶饭不思

随着暴怒者的压力越来越大，他们能看到的世界会越来越小。所剩的只有伤痛，因此，"抚平伤痛"变成了他们生命中最重要的事，这时他们似乎钻到一个死胡同里出不来了。无论在哪儿，他们都能将话题转移到他们唯一关心的事情上。比如，哪怕提到西红柿时，像巴特·罗斯这样的人也会抱怨说，他的嘴巴至今都吃不了西红柿，就是因为某个庸医的"功劳"。

要素5：愈发认为自己是无辜的受害者

"钻牛角尖"和"偏执"是表兄弟。你越想就越容易相信人们在故意针对你。任何不支持你的人都会被你看成是敌人。罗斯有偏执狂的典型特征——认为自己是受害者，其他人都在欺负自己。罗斯在一封信中写道，莱夫科法官像"纳粹恐怖分子"一样，她滥用司法权力来对他施加令人发指的伤害。

要素6：制订计划并采取专门的行动来报复

巴特·罗斯认为，全世界只有他是受害者。显然，他还认为自己有权报复那些伤害过他的人。没有人知道他为了想出这个计划花了多长时间，他要报复的不是某一位法官，而是针对整个医疗和司法系统。罗斯觉得有必要做点什么向全世界和自己证明，他不再是一个软弱可欺的受害者了。

值得庆幸的是，像罗斯这样的人并不多。不过，确实有很多人对那些伤害过自己的人有着类似的愤慨。他们可能偶尔会做出一些失控的事情。作为读者的你，有可能就是其中一员。如果你有类似的情况，请认真阅读本章的内容。

如何摆脱无力型暴怒

要是失去了对生活的掌控感，无力型暴怒就会找上门来。因此，重新获得自我控制感，是将无力型暴怒拒之门外的关键。想要重获自我控制感，有以下两种方法：

- 方法一，找到更有效的方法并采取行动；
- 方法二，接受现实，放弃无望的斗争，继续你的生活。

有些情况适合方法一，有些情况则适合方法二，然而在实际情况下，很多时候将两种方法结合起来使用才是最佳选择。接下来我会仔细讲解这两种方法。首先，我想请你仔细想想，有没有某一刻，你感觉到自己是一个无力型暴怒者？起因可能是一个非常小的问题，比如送报纸的每天都晚到；也可能是一个比较严重的问题，比如卡琳和她的前夫之间的斗争。因此，在继续往下阅读的之前，你可以停下来想想，面对不同情况，这两种方法中的哪种方法对你来说更有帮助。

找到更有效的方法并采取行动

老话说得好："如果东西没坏，就别想着去修。"我们可以换个角度理解这句话："如果方法没用，那就换种方法。"这是预防无力型暴怒的一个关键。

为了找到新的解决方案，你可以参照以下六个步骤来做。

第1步：分析问题产生的原因

在对前夫克拉克大发雷霆以后，卡琳评估了一下自己的处境。她突然意识到一直以来是她把自己发展成了一个暴怒者。"我一直在期待他会好好待我，会好好待孩子，希望他能变得体贴、细心、周到一点。"但问题是克拉克根本就不是这样的人。事实上，卡琳选择离婚的主要原因就是他做事不考虑别人、小气、自私。那么，为什么又要指望离婚后他能有所改变呢？

卡琳有很多人共有的毛病，就是犯重复性的错误：做同样的事情，却期望得到不同的结果。比如，她希望克拉克把事情做好，希望他遵守诺言，这就相当于把主动权交到了克拉克手里。这样做的局限性在于当克拉克再次让她期望落空的时候，卡琳只能伤心，毫无办法。这样一来，她便把自己发展成了一个暴怒者。

你是否和卡琳一样在做同样的傻事？你是否也期望从旧的、无效的行动中得到新的结果呢？

第2步：停止做没用的事情

改变旧习惯从来不是一件容易的事。但卡琳知道，要想不再对这个男人生气，就一定要做出改变。于是她认真列出"禁做"的事情清单：别向克拉克要任何东西；别指望他不会迟到；别相信他的任何承诺；不管他说得多么好听，都不要对他伸出援手；该是他带孩子的时候，不要随便去帮他；任何事都不要依赖他。因为这些行为都没有让她得到她想要的结果，反而激起了她的愤怒。

现在，请你反观自己，你是否同样在重复一些没用的行为？从现在开始，你会放弃哪些行为呢？

第 3 步：制定一个新的、可行的目标

预防无力型暴怒的关键之一在于有效行动。对卡琳来说，仅仅放弃重复那些无用的行为是不够的，她还是不知道具体该怎么做。她必须想出自己要做的事情，这要从设定一个可行的目标开始。

卡琳设立了一个总目标：尽量避免与克拉克无意义的纠缠。她非常清楚这是一个很棒的目标，因为仅仅在脑海里想象一下这个目标，就能让卡琳备感放松。卡琳设定这个目标是为了指导自己与克拉克的互动，她也意识到这不是一个容易实现的目标，因为克拉克已经得逞很长一段时间了，他肯定不会心甘情愿放弃自己的权利来听卡琳的。但设定这个积极的目标能让卡琳时刻谨记，能控制自己生活的人是自己，而不是克拉克。

现在，请你反观自己，在绝望的时候，你需要设定什么样的总目标呢？你能想出一个总目标来帮助你掌控自己生活吗？

第 4 步：拆解成小目标

卡琳的下一步便是把这个总目标拆解成一些具体可执行的小目标。这需要在执行前好好规划，不允许这些小目标模糊不清。她需要更明确的指导方针。于是，除了"禁做"清单外，卡琳还要加个"必做"清单。卡琳的计划是这样的：将克拉克接孩子迟到的行为记录在案；跟克拉克明确在各种情况下，她会做什么，不会做什么；当克拉克需要做出承诺时，让他按照 SMART[①] 原则来做；如果克拉克坚持要

---

① 从明确性（specific）、可衡量性（measurable）、可达成性（attainable）、相关性（realistic）和时限性（time-based）等五个方面对目标进行设定的方法。——译者注

让她支付孩子们的抚养费，一定要去请律师维护自己的合法权益；无论他找什么借口，卡琳都只做她应该对孩子们做的。

随着时间的推移，这个清单可能会变长。但就目前而言，"禁做"和"必做"的清单完全足够为她的新行为提供清晰的指导方针了。

现在轮到你了。你能设计出一份至少包含六条"要做"的清单来让自己变得更强大、更有效率吗？这样做真的能够有效减少你的沮丧和愤怒。

第5步：尝试新行动

万事开头难，坚持更难。新行动也是如此。但幸运的是，克拉克可以给卡琳很多练习的机会。比如，就在昨天，克拉克打来电话，问卡琳能不能提前几天把孩子们接走。在过去，卡琳必定是照做的，但答应后，她又会觉得自己像是个被利用的傻瓜。所以这次，她选择了说"不"。当然，这次克拉克很不高兴。然后，他想让她觉得内疚，再把孩子接走。当他发现这招没用时，又威胁说下次卡琳找他帮忙时他绝对不会伸出援手。但这对卡琳构不成威胁，因为卡琳的"禁做"清单中有一条就是不能向他提任何要求。这次卡琳没有动摇，没有屈服，而是坚定了自己的立场。此外，她还告诉克拉克，按照判决，他必须在周五晚上6点到8点之间把孩子们送来，不能提早送来。克拉克一边抱怨着一边突然挂断了电话，但他应该不敢违抗法庭的判决。另外，卡琳已经安排好了自己周五的行程，下午6点才能到家，因此他就不能提前把孩子们送来了。慢慢地，这些新的行为和态度开始小有成效了，这着实让卡琳感到惊讶。

对你来说，你会选择尝试什么样的新行动来改变令人沮丧的现状呢？如果有效，你会坚持下去吗？如果无效，你能找到是哪里出了问题吗？

第 6 步：定期复盘，必要时做出新的尝试

卡琳的状态越来越好，她不再每每想起克拉克就生气了，甚至和他共处一室也能保持平静。但她仍然看不惯克拉克给孩子们买的东西，他总是给孩子们买他们不需要的衣服——浮夸的外套、昂贵的配饰和难以打理的精致用品。孩子们根本就不喜欢那种东西。他坚持把衣服送到卡琳家，还要求卡琳给孩子们穿这些衣服。卡琳明白，克拉克这样做是为了羞辱她，炫耀他比自己有钱。

于是，卡琳制定了新的策略：她告诉克拉克，她不会再打理这些新衣服了。当孩子们穿这些衣服去她家时，她只简单打包好给克拉克，让他带回家自己去洗。果然，克拉克很快就不再给孩子们穿那些衣服了。

没有永远有效的策略，所以请随时做好调整策略的准备，用新的策略取代无效的策略。如果发现自己再次陷入无力型暴怒，你需要继续做出改变。

接受现实，放弃无谓的挣扎，继续前行

市面上有很多书籍可以教你如何与麻烦的人相处。但无论你怎么努力，很多时候他们还是死性不改。卡琳的前夫克拉克就是一个很好的例子，无论她做什么，克拉克都用没完没了的抱怨和说教来控制她。卡琳每次接到克拉克的电话时都有想掐死他的冲动。她实在不想

回到无力型暴怒的状态了，毕竟她花了好几个星期才从上次的暴怒中恢复过来。可这次，她感觉到自己又快崩溃了。

那该怎么办呢？——卡琳必须把她的注意力从克拉克身上转移到她自己身上来。她必须接受现实（克拉克不会改变），不再试图控制他，继续过好自己的生活。

下面是卡琳必须采取的六个步骤。如果你也有类似的情况，需要放弃一场无望的战斗来重新掌握自己的生活，我相信这套方法对你也有帮助。

第1步：接受自己无法控制一切的事实

你可能已经祈祷过很多次："祈求上天助我改变我所能改变之事，助我接受我所不能改变之事，并且赐予我足够的智慧让我可以区分出来两者。"我相信这个祈祷中最难的是"接受我们无法改变的事情"。我们人类一直都不太承认这样一个事实：我们自身是有局限性的。

如果你很容易陷入无力型暴怒，某种程度上代表你坚持不懈、不轻言放弃。你一直在坚持做你认为对的或绝对必要的事。这种坚持大部分时候都是一种美德。比如，无论给你安排一项什么样的任务，你都能有始有终地完成。然而，优点有时也会变成缺点。比如，这样的你可能无法接受这样一个事实：你想要改变的事情是你自己无法控制的。

有些人就是本性难移，这是事实。不管你投入多少时间和精力，有些事情就是你无法控制的。你是否总执着于想要控制一切的幻觉？如果是，为什么会有这种想法呢？

我想请你问问自己：对于不能控制一切这件事，让你最难接受的是什么？是担心可怕的事情发生？还是担心其他人会通过掌控你的生活来控制你？担心自己的软弱和渺小，还是担心自己会活不下去？

现在我请你对自己说出这句话："我接受我无法控制一切的现实。"说完感觉怎么样？

又或者把范围缩小至这句话："我接受我无法控制＿＿＿＿＿＿的现实。"请将你一直想成功控制的人的名字填上去。

第2步：列出在各种情况下你不能控制的事情

想要避免陷入暴怒情绪，接受自己控制力的局限性是非常必要的。但仅仅只有这样笼统的认识还不够，你必须具体点。以卡琳为例，她必须经常提醒自己，她控制不了克拉克，她的措施还要更加详尽才行。具体来说就是她就必须提醒自己，她阻止不了他玩心理战术、他带孩子的方式，以及他的缺点。最后，她需要认识到，自己控制不了克拉克几点带孩子去她家，控制不了他在监护期内和孩子们说什么话，也控制不了克拉克是否会再次把她告上法庭。

"接受自己的控制力有限"这件事，如同逆水行舟，难度可想而知。因此，卡琳必须付出更多额外的努力，她不仅要时刻提醒自己，更要在克拉克把孩子接走的时候提醒自己，她必须放弃那些试图控制局面的努力。也许，她需要一些人的支持，比如有类似经历的朋友、爱她的父母、离婚协会互助小组，或专业的心理咨询师。这些人可以帮她在"逆流"中平稳前行。

接下来，请你在下列空格处明确写出特定情况下你无法控制的、可能会导致你陷入无力型暴怒的因素。

- "我必须接受我无法控制 _____ 的事实。"
- "我控制不了 _____ 。"
- "我也控制不了 _____ 。"

第 3 步：问下自己一直求而未得的是什么

到目前为止，我们一直在讨论处理表面上的问题。但无力型暴怒不仅强大，而且如果不从根本着手很难消除。因为暴怒的种子深扎在你的灵魂深处，它总围绕着你最核心的渴望和需求。仅仅用一些看似理智的想法去控制自己还远远不够，最重要的是要深入观察自己的内心。

无力型暴怒的核心是内心深处有一个根深蒂固的愿望，这种愿望常常让人求而不得。卡琳后来意识到，原来她一直都希望克拉克能欣赏她。她认为如果克拉克能欣赏她，就应该能尊重和关心她。但尊重和关心在这场失败的婚姻中几乎是不存在的，克拉克丝毫没有欣赏过她，这也是导致他们离婚的原因之一。然而面对离婚后更加无礼的克拉克，卡琳仍抱有同样的幻想。一旦卡琳意识到这些问题，她就会停止幻想，才会放弃想要让克拉克欣赏她的念头。

那么像巴特·罗斯这样对莱夫科法官恨之入骨的人该怎么办呢？让他求而不得、得不到而不惜杀人的东西究竟是什么？尊重？认同？同情？正义？在他内心深处无法放手的究竟是什么？我们可能永远无法知道了。这种想法首先会促使他去寻求认可，其次再去证明自己的清白。

请再想想那些让你难以放手的事情。你有没有从中找到一个你会反复出现的模式？你有没有从中找到你很想要、但没有得到的东西？你最求而不得的愿望是什么？你是否接受这样一个现实：假如你的愿望不能成真，至少在这个人身上得到实现，你能够接受吗？你愿意放弃幻想回到现实吗？

第 4 步：勇敢面对愿望落空后的恐惧

卡琳总担心克拉克会教唆孩子反对她，她害怕有一天孩子跟妈妈说，他们只想和爸爸在一起。这使得她揪住克拉克的每一次谎言、过激的言论和蓄意操纵不放。但不管她为此付出多少努力，克拉克都会想出另一套办法来对付她。这样，卡琳相当于把所有的主动权都拱手交给了克拉克，任他摆布。她想要孩子，需要孩子，没有孩子她活不下去，而克拉克却可能会把孩子从她身边夺走。由此看来，她的心情就不难理解了。每次克拉克想办法对付她时，卡琳的愤怒就会不断累积，她的无力和软弱也不断累积，这就为她下一次的无力型暴怒埋下了伏笔。

卡琳需要挑战这种可怕的感觉。具体她该怎么做呢？首先，她需要收集准确的信息。她的孩子们其实并不想跟爸爸待在一起。他们足够聪明，不会被他的那些小把戏轻易骗到。然后，她需要利用一下自己的优势。比如，她同样很聪明，足以保护自己不受克拉克伤害。尽管克拉克阴险狡诈，但他还没那么大的能耐可以把孩子们从她身边抢走。最后，在精神层面上，卡琳要知道，即便失去孩子们，她还是要坚强地活下来，并且活得好好的。哪怕克拉克把孩子们从她的身边夺走，也不能把她击垮。

当人们无法面对自己内在的非理性的恐惧时，他们就会发展成无力型暴怒。

读到这里，我还有一些问题想要问你：如果你不能从别人那里得到你想要或需要的东西，那么你会害怕有什么坏事发生吗？你将如何摆脱这种恐惧呢？你是否也把你生活中的某些主动权给了别人呢？

第5步：用具体的行动和思想来重振自己

如果无力型暴怒是一种植物，那它应该最喜欢的是贫瘠的土地。你只要往土壤中添加一些养料，就可以大幅度地抑制无力型暴怒的生长。而重新获得生活的掌控感是最好的养料。

比如，卡琳需要制订一个计划，当孩子们去克拉克那里时她应该做些什么。以前这个时候她都会非常担心，每当孩子们不在的时候，她总是待在家里发愁，即使在做饭的时，也会想起前夫的种种，让她越来越生气。这个时候，无力型暴怒已经悄悄出现了。但这次早有准备的她决定走出家门：一开始她只是和朋友出去喝咖啡；两个星期后，她已经能够和朋友一起出去看电影、吃晚餐了；又过了一段时间后，她决定来一场长达一周的旅行。当然，她必须战胜自己的恐惧，并告诉自己，当她旅游回来的时候，孩子们仍然是她的，不会有什么变化。但通过此次旅游后，她发现自己比以往任何时候都更加坚强自信了。

鉴于每个人的情况都不相同，你的策略可能和卡琳的不一样。而重获对生活的掌控感，目的是让你再次感到无力的时候，或者感到生活掌握在别人手里的时候，你能有所察觉，并能想办法重拾对生活的掌控感。但请注意，不要试图控制别人，而是要把注意力放在你能为自己做的事情上，这样你才能重获对生活的掌控感。

问问自己以下这些问题：

- 什么时候，你觉得自己最无力，感觉好像自己的生活被别人控制了一样？
- 在这些时候，你可以做些什么来更好地照顾自己呢？
- 怎样做才能让你感觉更强大，更能掌控自己的生活呢？

第 6 步：原谅那些伤害过你的人

通常来说，越把注意力放在那些不好的事情上，你的心情就会变得越差，最终可能会导致偏执。把注意力局限在遭受的侮辱或伤害上，就无法思考其他任何事情。当脑海中不断重现这些负面事件时，很容易把偏执转化为无力型暴怒。有过一次无力的经历已经够不幸了，但如果你因此无法释怀，就会产生无力、愤怒以及复仇的欲望，这些情绪和想法最终会变成的一种入骨的仇恨（对伤害你的人）。在这种情况下，无力型暴怒一触即发。

如何才能释放掉你心中的仇恨呢？宽恕是一种选择。美国著名的社会心理学家弗里德曼（Freedman）在 1999 年将宽恕定义为："释放掉仇恨，不去报复伤害过你的人。"你要把自己从错误的想法里解放出来，这种错误的想法是：只有伤害我的人受到了惩罚，我才能放下这段黑暗的过去。

宽恕是一个缓慢而艰难的过程，它并不适用于所有情况。很多时候，放手并远离给你带来痛苦的人比逼自己原谅对方更容易。但是宽恕可以让你不再因为过去的伤痛而愤怒，从而避免了无力型暴怒的滋长。

记住，预防无力型暴怒的关键是重新获得对生活的掌控感。把眼光放得更长远也是一种释怀的方法。有些时候你不得不接受你无法改变的现状，那就继续往前走，去寻找生活中更有意义的事情吧。

Rage

A Step-by-Step Guide to Overcoming Explosive Anger

第 7 章

羞耻型暴怒

哈里：一个感觉自己不受尊重的人

哈里30岁了，是一名杂工和木匠。他娶了苏珊，育有三个年幼的孩子。尽管哈里很想发自内心地去享受这段幸福生活，但他却有一个心理障碍——他对批评非常敏感。例如昨天，哈里正在帮客户做甲板，客户跑来问他还要做多久，哈里当时就生气了。他确信对方的潜台词是责怪他没好好干活。哈里气得脸色都变了，他破口大骂，气得扔下自己花很多钱买的木工工具就走了。他刚回到家就接到了被解雇的电话，妻子满脸疑惑走来询问："发生什么事了？"可怜的妻子再次点燃了哈里的怒火，他朝妻子大吼："别来烦我！"然后他开始对孩子大喊大叫："我叫你把玩具捡起来，你都不照做。你从来不听我的！《圣经》上怎么说的，说孩子应该听爸爸的话，但你就是不听！"随后，哈里就开始像往常一样抱怨，今天没有人尊重他，以前也没有人尊重他。在他看来，全世界的人都该死。这些唠叨的话身边的人听得耳朵都要长茧了。而他越说越生气，把全家人都吓坏了。所幸他还有一丝理智，告诉自己应该出去静一静。于是他走出家门，在汽车旅馆过了一夜。

哈里承认他有暴怒问题，有时还会被气晕过去。他是这么说的："每当被人们忽视、怠慢或贬低的时候，我就会立刻气得不行，愤怒就像一颗炸弹，有时把我的生命都快炸没了。"

哈里确实有暴怒问题。但这种暴怒与先前所讨论的暴怒类型不一样。它既不属于生存型暴怒，也不属于无力型暴怒，而是对被批评过度敏感的一种暴怒。哈里无法忍受被羞辱的感觉，哪怕最轻微的负面评价，他都感觉自己被骂得狗血淋头，这让他怒气冲天，随时想和人大吵一架。请注意，我们关心的不在于对方是否真的冒犯过哈里。每当他认为有人轻视他时，他就会觉得自己被羞辱了。就在几天前，苏珊只是想提醒他在回家的路上给孩子买一袋尿不湿，他却回答说："今天早上我不是说了我会买吗？你以为我是什么，老年痴呆吗？什么事都不相信我……"哈里继续讲了10分钟，抱怨苏珊对他不尊重。他情绪一直很激动，结果走过了杂货店，忘了买尿不湿，空手回了家。

什么是羞耻型暴怒

哈里的暴怒是一种羞耻型暴怒。每当哈里感到自己被羞辱时，他的怒火立马就会被点着。他把被人羞辱的感觉转化为愤怒，对哈里而言，生气的感觉比被羞辱要的感觉强多了。当他自己感觉糟糕的时候，他就会让别人也感觉糟糕。别人羞辱他，他就反过来去指责别人，他用指责别人来掩盖自己的羞辱感。羞辱和指责是他暴怒问题的两大关键词。

羞耻型暴怒可以变得非常危险，甚至闹出人命。许多谋杀犯都是因为感觉自己受到了羞辱而杀人的。这类事件通常发生在家里，被害者常常是凶手最爱的人。比如由于之前发生的一些事，妻子说了句让丈夫感到自己被羞辱的话（对象亦可调换），五分钟以后，便酿成了一桩人命案。更常见的情况是，羞耻型暴怒者会有可能伤害到在场的所有人，伤害他们的感情，让他们筋疲力尽被攻击的人最后往往非常困惑：我怎么了？为什么要对我说那么难听的话？为什么我只是简单问一下，你就感觉到被羞辱了呢？我要怎么说才对呢？你怎么回事儿（这句话对于羞耻型暴怒者而言算是比较重的一句话，可能会再次伤到他们）？

被羞辱的感觉突然变成了暴怒情绪，这背后一定有些原因。为了找到答案，首先让我们好好看一下羞耻感是怎么回事。

羞耻感

羞耻感是一种感受，也是一种主观上认为的事实。这种感觉让人非常不舒服。感到羞耻的人通常会反映自己满脸通红，恨不得马上逃离这个鬼地方，却发现自己迈不开脚，羞得当下无法直视他人的眼睛，仿佛被卸下所有盔甲，变得虚弱无比。他们犹如赤身裸体暴露在人们的审视和批评之下，内心崩溃，软弱无力。这种感觉太难受了，所以人们才会想尽各种办法来消除它，而将其转化为愤怒正是消除羞耻感的方法之一。

与羞耻感相伴的信念便是相信自己确实是有问题的，自己是无用的、有缺陷的"次品"，是丑陋的且一文不值的"垃圾"。人们越是感到羞耻，伤害就越难恢复。最终，遭受强烈羞耻的人开始相信：

- "我不行"；
- "我不够好"；

- "我不值得被爱";
- "我不属于这里";
- "我就不应该存在"。

上述这五种类型的想法都是非常具有伤害性的，以这种方式看待自己的人无疑是痛苦的，他们认为自己是一个彻底的失败者。

羞耻感也会影响一个人的行为。羞耻感强烈的人倾向于回避他人，因为他们觉得别人会看到他们身上所有缺点。正因为如此，他们不愿谈论自己。和哈里一样，他们也许非常敏感，导致在别人看来他们难以捉摸，不好相处。

羞耻感也有精神层面的成分。深感羞耻的人通常会觉得自己缺少精神上的支持，他们认为自己不值得被爱和被尊重，认为自己生下来就是一个错误。因此，他们内心深处常常觉得自己的生命没有价值。

羞耻让你躲躲闪闪

感到羞耻的本能反应是想要躲藏或者逃跑。你的目标是把自己藏起来，不让别人看见，这样一来就没人能看到你的缺陷了。这种逃避现实的天然本能给爱害羞的人一种安全感。然而，带着羞耻感逃离现实是要付出代价的，那就是软弱和失败的感觉会随之而来。此外，不少关于羞耻感的研究表明，深受羞耻感困扰的人往往不善于沟通。但是人与人之间的关系问题通过逃避是不能解决的。的确，强烈的羞耻感会让人非常难受。如果你只是一味地寻求逃避，就无法学会应对羞耻感。更可悲的是，逃避羞耻感会让你进入一个不断自我否定的恶性循环：你越是逃避羞耻感，对自己的感觉就越糟糕（因为逃避本身就是软弱可耻的表现）。你的自我感觉越差，就越会逃避那些可能产生羞耻感的事情，这会让你对羞耻感更加敏感。这样下去，能引发你羞耻感的事情越来越小，而你产生的羞耻感也越来越强烈。最终，鸡毛蒜皮的事都会引发你无尽的羞耻感。

这就是发生在哈里身上的事。他对羞耻感早已敏感至极，所以顾客无心的话都会被他误解。客户："哈里，你今天的工作要做多久？"哈里的理解是——客户在说："哈里，我知道你想干什么，你是在有意拖延时间。你这么做太差劲了，我看不起你。"他带着被羞辱的感觉逃离现场。但明明是他先攻击了他的客户，骂了他的客户，为什么他会有被羞辱的感觉呢？

从被羞辱到愤怒

羞耻总是让人感觉糟糕透顶，即便你做好应对羞耻的心理准备，也还是会非常痛苦。但至少，你可以通过提前准备，来控制一下心灵受伤的程度。但当时的哈里一点准备都没有，他刚准备结束一天的工作，却发生了这样突如其来的事情。哈里立刻感到无地自容，这种无法忍受的耻辱感击中了他最核心的缺陷。这种耻辱感对他来说太难以承受了，他必须尽快摆脱它。

的确，有一种巧妙的方法能帮你摆脱你不想要的东西——就是把它送给别人。其中的逻辑就是："我想不要它，就把它甩给你"。哈里逃离现场前就如法炮制。正如把不想要的圣诞礼物还给送的人一样，哈里想把这份羞辱还给羞辱他的人。哈里想在离开前至少摆脱一些羞辱感，于是他选择羞辱面前的这个家伙。他无法带着这么重的耻辱感离开，毕竟这份耻辱感太难以承受了。于是只要觉得自己被攻击，哈里就会变身为攻击者。

如果仅仅是刚刚描述的那样，哈里的反应充其量也只能叫作羞辱－愤怒反应。不过事实不仅如此，这种羞辱－愤怒反应还有一种魔法——一种精神上和情绪上的魔法，它是一种"障眼法"。当问到哈里面对顾客的问题是什么感觉时，他会说"我真的很生气"。这时，你注意到其中的问题了吗？哈里没有提及他的被羞辱感，那是因为他早早地将自己被羞辱的感觉改造为暴怒了，甚至可以说，他压根没有意识到自己有被羞辱的感觉。其实他的身心已经感觉到被羞辱了，不然他也不会有如此强烈的反应。但哈里的注意力完全放在了他的愤怒上，把被羞辱的感觉驱逐出了意识之外，用暴怒的感觉代替了被羞辱的感觉。

哈里在逃避自己被人羞辱的感觉。回家的路上，他一直在回想这个客户对他做的"好事"，依然觉得自己完全有理由去责备那个客户。他从来不会用"被羞辱"这个词来形容他的感受，但就是觉得自己很难受、很疲惫，不堪一击。难怪他妻子一开口，他就生气了。他觉得妻子就是在火上浇油！所以他把矛头转向妻子，转向孩子。哈里就是被这样一种连自己都没有意识到的可怕的被羞辱的感觉困扰着。

羞耻型暴怒传达出来的信息是极具破坏性的："你在羞辱我。你说的话让我感到软弱无力。我觉得很丢脸。我怀疑你想毁了我，我绝不能让这种事发生。不！我要反击，我得让你感到羞愧。在这种羞辱感害死我以前，我要把它甩回给你，我要让你觉得你比我还脆弱，我甚至可能不得不毁了你。"

你有羞耻型暴怒倾向吗

羞耻型暴怒既可怕又危险。如果你有此类暴怒的征兆,你得时时警惕,否则发展到最后的话,暴怒就没那么好控制了。所以,请留意自己是否有下面这些情况:

- 人们不尊重我会让我感到生气;
- 我会强烈捍卫我的好名声和好形象;
- 我经常担心别人觉得我愚蠢、丑陋或无能;
- 别人对我的贬低会让我久久不能释怀;
- 有人说我对别人的批评太敏感了;
- 如果有人使我尴尬,我会非常生气,比如有人指出我的过错;
- 当别人忽视我时,我会很生气;
- 有时别人一句无心的话都会让我生气;
- 对我来说,愤怒感,甚至是非常强烈的愤怒感,也比被羞辱的感觉要好一些。

对上述问题的肯定回答越多,你就越有可能出现羞耻型暴怒。接下来,我会讲解如何预防和消除羞耻型暴怒的问题。

如何摆脱羞耻型暴怒

倘若经历过羞耻型暴怒,你就会知道你是在和脑海里的那头未被驯服的野兽一起共舞。这头野兽相当危险,尤其是当它神不知鬼不觉地靠近你的时候。它的威力足以置人于死地;它难以琢磨,所以你难以猜出它何时会爆发。而你真的不应该再继续和这头野兽共舞了,必须想办法把它关进牢笼，驯服它，这样你才能重新控制自己的生活。

幸运的是，我们已总结出一套驯服羞耻型暴怒的方法，就在接下来的九个步骤里。

第1步：坚定决心

在暴怒协会互助小组里，哈里做出了他的承诺。他感到非常不舒服，厌倦了这种不适和疲惫。最主要的是他开始憎恨自己，他因自己的羞耻型暴怒而越发讨厌自己。他说自己"经常搬起石头砸自己的脚"，的确是这样。不受控制的暴怒情绪正在摧毁一切对他来说最重要的东西：婚姻、亲子关系、事业。许多暴怒者都认为自己对这些极度愤怒的情绪是毫无办法的，哈里也这么认为。到目前为止，他能做的只有不停地道歉，比如："对不起，我也不知道我为什么会那么凶，我不是故意那么和你说话的。"这些说辞对哈里身边的人来说已经不想再听了。此外，不停重复这些事情并不能减少哈里的被羞辱感，反而会让他感觉更糟。

而现在，哈里已经下定决心做出改变了。首先，他必须对自己的暴怒情绪持零容忍态度，不再给自己任何借口。不再说"我今天过得很不好""她说话的方式让我很生气"，"我就是忍不住"或"我知道我不应该那样做，但……"，最重要的是，不再说"下次再说"，因为"下次"永远帮不了你。哈里必须从现在开始随时警惕自己的暴怒情绪。

当然，要想控制自己的暴怒情绪，光有承诺是不够的，因此下面有几个附加步骤。话虽如此，坚定决心是非常重要的。要是哈里再次暴怒，违背了自己的承诺该怎么办？那么，他就必须想办法弄清这其中的原因，必须向伤害过的人赔罪，必须继续努力改变他的想法、言论和行为，直到把自己从暴怒中解脱出来。

接下来，请签署你的反暴怒承诺书，把你的名字写在空白处。

本人 _____ 承诺，今天绝不发火。具体来说，我会克制自己不向任何人发火，尤其是我爱的人。如果我从他人的所言所行中感觉到被侮辱，我会及时离开现场，直到我控制住攻击的冲动。我不会用任何借口去羞辱、指责或轻视他人。

这份承诺书对你控制暴怒有多重要呢？你是否今天就打算签订了呢？

第 2 步：探索羞耻型暴怒的发展轨迹，找到源头

羞耻型暴怒看似由他人的言行所引发，但实际情况比这复杂得多。真正把被羞辱转化为愤怒的是你脑子里的想法。所以，如果你想了解自己的愤怒，就要先深入剖析一下自己的想法和感受。这就像一个探险家，虽然暂时迷失了方向，但只要沿着你留下的脚印就能返回营地。

请你想象一下，假设你是一位旁观者，观察一下那个羞耻型暴怒的自己，你会看到什么？如果你当时能够听到自己的想法、就像它们来自别人一样，你是否会得出另一种结论？想要彻底摆脱被羞辱感催生的暴怒情绪，你需要具备自我观察的能力，更重要的是知道自己暴怒前在想些什么。

审视自己的内心是很痛苦的，尤其是审视自己的羞愧感。毕竟，有谁愿意在心情不好的时候审视自己呢？通常情况下，我们都会把注

意力集中在别人身上,指责他人让自己心情不好。但正确的做法是,要将你的注意力放在自己身上,而不是放在他人身上。

如果我们愿意抽丝剥茧,从被羞辱感引发的愤怒情绪倒推它产生的原因,可能会比较简单一些。接下来,我们分析一下是什么触发了你的愤怒。如果你很容易因被羞辱而感到愤怒,可能因为别人的一些话或者有暗示性的说法,比如"她说我以自我为中心""他认为我很笨""他说我懒""他们完全无视我""她把我当傻瓜",请注意,这些声明都非常笼统,从这些话里看不到具体发生了什么。但是,这些说法会让你觉得自己被贴上了标签。并且他们说你的性格有缺陷,我们都知道性格是很难改变的,如果是真的,你就会觉得自己永远无法摆脱这种说法。他们攻击的都是你最核心的要害,他们给你贴的都是说你有问题、严重缺陷的标签,他们在羞辱你。这就是你如此痛苦的原因。

但有时并不是你想得太多,而是他们真的会说出这么伤人的话来,他们甚至可能故意羞辱你。诚然你要挺直腰杆,要求他们放尊重点。但仅仅是他人骂你一句,不足以让你产生羞耻型暴怒,你的内心肯定还有一个声音并没有反对骂你的人。你脑海里的这个声音对你说:"他说得对,我的确是个白痴。"这个声音才是真正让你感到被羞辱的原因。它不断提醒着你身上有不足之处。

因此,羞耻型暴怒源自你的内心,而不是外界。想象一下,有人羞辱你,使你产生了被羞辱的感觉,以及对他人的愤怒。但实际上没有人能够侮辱你,只有你自己脑子里的想法才能做到。此外,即便有时别人根本没有攻击意图,你也会觉得被羞辱了。比如说,哈里认为他的客户故意指责他,但其实不是。他真正的敌人是他自己内心的声音。内心的羞耻感导致哈里错误地将客户的问题理解为攻击性的语言。

当你追踪被羞辱感转化为暴怒的过程时，你会发现，它会把你的关注点从别人的言行，引向你自己的羞耻的想法。这些想法表现为各种形式，如"我很差劲""我很可悲""我一文不值""我很肮脏""我很软弱""我没人要"或"我什么都不是"。但请不要止步于此，继续深挖，最终，你会总结出五大类型的负面想法："我不行""我不够好""我不值得被爱""我不配""我不应该存在这个世界上"。

这就是你的最终发现，也是所有羞耻型暴怒开始的地方。

第3步：反省一下自己是如何用愤怒暂时摆脱羞耻的

在你内观自省的时候，探索的道路并非风平浪静；相反，到处都有对立和争论。脑海里有个人对你说："你是个废物，你没有价值，你是死胖子，你愚蠢无知，你不够好，你是老天爷制造的残次品。"这便是你的羞耻感。而脑海里的另一个人却对这种言论非常抗拒，他急得直跺脚，大叫："我才不是废物！我才不蠢！我不胖！我才不无知！我很优秀！我不是残次品！"那便是你的愤怒，它不顾一切地赶走你的羞耻感。最后，"愤怒"抓起了"羞耻"的衣领，如竞技场上的摔跤手，反手就是一摔，把"羞耻"扔出了场外，完全抛在了身后。

最后，羞耻被扔到哪里去了？刚好扔在了别人身上。"哼！"你的大脑发出了轻蔑一笑，"我就知道！我才不可耻。可耻的是他！是她！是这帮人！"于是，脑海中那个人对你说的话，你统统扔给这些人了："他们才丑陋、愚蠢、一文不值、坏透了。"你在攻击他们的时候，甚至没有意识到这套攻击说辞原本是用在自己身上的。即便如此，短时间内这也是有效果的。这期间你能感觉到自己很强大、很有力量，一切都在你的掌控之中。你并不软弱，其他人才软弱。

但这么做还是有一些漏洞。羞耻心聪明得很，它自有办法溜回你的大脑。接下来你还是要进行这样的内部斗争，得到同样的结果。这太累了！与此同时，就像哈里一样，你还需要承担暴怒带来的后果——丢掉工作，失去家人。

第4步：重新找回羞耻感，中断羞耻与愤怒间的联系

只有一种方法可以阻止这种恶性循环，但这并非易事。你必须倾听脑海里那个自我攻击的声音，倾听内心那个认为自己可耻的声音。出路只有这一个，要么面对内心的羞耻感，要么继续暴怒下去。你不需要对羞耻感表现得十分友好，没有必要。你也不需要勉强自己热情拥抱让你感觉不好的事情，只需要接受它的存在就好了。请倾听一下它在说什么吧。毕竟，羞耻感早已成为你生活的一部分了，唯一不同的是，现在的你已经做好准备，是时候好好地去关注一下这个朝夕相处的"室友"了。

我相信，你有能力直面你的羞耻感，它毁不掉你。为什么我强调这一点呢？因为深深的羞耻感会让人感觉恐惧、无法忍受，这才是它真正的可怕之处。只有当人们害怕自己斗不过这可怕的羞耻感时，他们才会将其转化为愤怒。那么，从某种意义上说，羞耻型暴怒的原因不是羞耻感本身，而是你对羞耻感的恐惧。只要你清楚自己能挺过内心的羞耻感，你就能更好地处理它。最关键的是，你可以有意识地去控制它。

这就意味着，每当你开始生气的时候，你应该问问自己："等会儿，这是因为我内心的羞耻感吗？"然后花时间思考一下。仔细地，慢慢地，把羞耻感追溯到上文提到的五大类型的负面想法。同时要记住一个更重要的观点：一小部分人说你可耻，并不代表这就是事实。

第 5 步：攻破五大类型的负面想法

对于羞耻感是怎样变成愤怒的，现在你应该清楚了。对羞耻型暴怒心理过程的探索是非常值得的，但最重要的是，停止羞耻型暴怒。现在应该去向那些容易产生羞耻感的想法提出挑战了，将其替换为更健康的想法。当那些羞耻的想法被更健康的想法替代时，你就不会再产生暴怒情绪了。现在，请你把注意力放在这五大类型的负面想法上，并将每个负面想法反转一下。

- 从"我不行"到"我行"。
- 从"我不够好"到"我足够好"。
- 从"我不值得爱"到"我很可爱，值得被爱"。
- 从"我不配"到"我配"。
- 从"我不应该存在于这个世界"到"我存在，我自豪"。

你不妨大声地、慢慢地重复说出这五个积极的想法，一边说一边用心感觉哪些比较有道理、哪些好像有点道理、哪些完全不准确。对于那些你越是感觉描述得不准确的词语，你就越要在上面花时间，这样你才能慢慢接受它们。

下一步，你要把这个方法延伸到其他让你感到羞耻的想法上来。比如，你可能需要把"我很丑"改成"我很美"。如果你暂时还接受不了"我很美"之类的溢美之词,那就换成"我长得还可以"或"我很有魅力",抑或"我就长这样,那又怎么样",你可以尝试各种治愈性的话,找出最能治愈你的一句,不断重复,让大脑养成正面评价自己的习惯。

攻破羞耻感并不容易。在我所见的人里,没有人能够立即从"我不好"变成"我很好"。有时你可能刚刚自我感觉好了一点,但是突然发生了一件事又开始让你讨厌自己。自我暗示这个练习完全可以立刻动身去做,有可能需要你坚持一辈子。在你走向自我肯定和自我接纳的道路上,请善待你自己。

那么,你该如何做呢?请耐心,冷静,保持乐观。如果你已经开始行动了,那么请给自己一点信心。因为你正在这条道路上前行,这本身就是一种疗愈。

这里有一些问题可以帮助你少一些自我羞辱,多一些自我肯定。

- 你现在有什么想法,可以帮助你相信自己本性善良?
- 除此之外,对此你还有什么新的想法?
- 你做过什么事情,让你觉得对社会做出了一点贡献?
- 在你的生活中,谁能对你表示尊重,看到你身上的好,夸奖你并欣赏你?
- 你做过什么来善待、接纳和宽容自己?
- 还能怎么做才可以让你对自己更好一些?对自己更接纳和宽容一些?

第6步：在任何时候都要尊重他人、维护他人的尊严

如果你是一个容易因羞耻而暴怒的人，那么你很容易把注意力放在别人如何对待你上面，如"他有没有尊重我""她是不是在贬低我""他们是不是在无视我"，这样一来，你很容易钻牛角尖去寻找别人不尊重你的蛛丝马迹。不过，你还可以选择花时间在其他有意义的事情上，比如，尊重他人。通常来说，要是你愿意送给他人你最想要的礼物，这种慷慨行为最终也会让你受益匪浅。这样做，首先你会减少忧虑和自我怀疑。其次，你善待的人在很大程度上可能会以礼相报，如果你不羞辱他们，他们就不太可能会无缘无故地羞辱你。最后，当你表现得像个绅士或者淑女时，你的自我感觉也会更好些。这些良性结果都能渐渐治愈你。

那么，再具体一些来说，我们应该如何尊重他人呢？

首先，每天起床时，我都希望你能承诺：无论对方怎样对你，你都会选择去尊重每一个你见到的人。这项承诺的目的是让你对自己的行为负责。毕竟不能要求别人对你的行为负责，这是不现实的。

请看到他人身上善良的本性。只有用平等的眼光去欣赏他人，才能产生尊重。花时间去挖掘每个人身上的独特点、价值点和闪光点。当你给予他人肯定的评价——"这就是你，你很好"时，你就是在肯定他们存在的意义。

请记住，一定要向别人表达你的欣赏之情，尤其是你最亲近的人——他们很棒，他们足够好，他们是值得被爱的。帮助他们感受到他们在家庭里、社会上、你心里都是有价值的。请不要把这些话埋藏在心里，这些话被大声说出、被对方听见，才会有更好的效果。

我为你提供一个尊重他人的 5A 工具。在我看来，"A"这个字母与"尊重"一词颇具缘分。为什么呢？你看以下这五个 A 开头的英文单词都代表着尊重他人的方法。

- A= 用心倾听（attend），意思是我会花时间用心倾听你的心声，倾注我全身心的关注。
- A= 欣赏（appreciate），意思是我喜欢你做的事情，我喜欢你做事的方式。
- A= 接受（accept），意思是你不必改变，你现在的样子就很好。
- A= 钦佩（admire），意思是你身上有值得我学习的地方。比如，你把事情处理得很得体，也很有技巧。
- A= 肯定（affirm），意思是我很高兴你是我生活的一部分，幸好有你。

5A 工具能帮助你尊重他人。你可以把它们作为"吾日三省吾身"的标准："我今天有没有好好关注别人""我有没有向别人表达我的欣赏之意""我接纳别人了吗""有没有在他人身上学到东西，是否有肯定别人"。

第 7 步：以表扬代替批评

当哈里的羞耻型暴怒发作时，他在做什么？他对客户、妻子和孩子都变得极为刻薄。这是一种很典型的羞耻型暴怒的表现。批评是羞耻型暴怒者手里的武器，甚至成了他们的习惯做法。他们只有通过批评别人才能实现自我价值。当你去寻找别人的毛病时，总能找到它。问题是，对他人的负面评价，只会让你再次陷入暴怒的情绪中。因为当你看到的都是别人身上不好的地方时，你就会认为他们会对你心存不轨。不过，你还有一种方法可以改掉批评他人的习惯。你要学会赞美而不是批评，寻找别人的优点而不是缺点。赞美在很多方面与羞耻感完全相反。羞辱和批评会使人感觉渺小和软弱，而表扬则会使人变得高大和强壮。

对于饱受羞耻型暴怒折磨的暴怒者来说，赞美他人绝不仅仅是一种慷慨或善良的行为，它还能防止暴怒继续发展。请记住，羞耻型暴怒者总是想要把自己的羞耻感转移到他人身上。然而，批评他人只能暂时转移一下注意力，你真正需要做的是接受和欣赏自己。当羞耻型暴怒者羞辱他人时，表面上看来像是在说"你不好，我好"，实则是在说"我不好，但我不想承认"。

赞美人并不难。可以从很多方面着手，比如：成就、态度、共情能力、创造力、人品、外表、个性、智慧，等等。然后再把你发现的关于他们的优点告诉他们。但请记住，不要在赞美后加上"但是"这个词，比如"你的头发挺美的，但是……"。你可以设法让自己的赞美显得真诚，但千万不要让你的赞美被人误会成"欲抑先扬"。

养成欣赏他人的习惯，这将帮助你完成更难的任务，那便是欣赏自己，这才是摆脱羞耻型暴怒的终极良药。

第8步：与尊重你的人为伍

我相信大多数羞耻型暴怒者的成长历程都非常痛苦。他们的家庭中可能有人酗酒、穷困潦倒或是深受身心疾病的折磨。作为孩子，他们很可能不幸地沦为受虐者——可能被抓来当作问题的替罪羊，受尽父母的批评、敌意或忽视。换句话说，在他们的原生家庭里，被羞辱和被指责很可能是一件习以为常的事情。

因此，要想改变自己的羞耻型暴怒问题，最重要的就是和尊重你的人在一起。羞耻型暴怒者不能和太多负能量的人在一起，对他们来说，这样的社交环境是非常不健康的。当你待在充满负能量的环境里，你会更难以控制暴怒情绪。毕竟，如果对方是个不折不扣的负能量者，那么你就更容易被惹怒了。

如果你深受羞耻型暴怒的折磨，想要摆脱这种状况，那么最先改变的应该是你自己。因为你不可能要求别人去做你应该做的事。然而，你要求他人以礼相待，这也合情合理，而且很重要。想象一下，如果生长在满是羞辱的环境里，那么又有谁能茁壮成长呢？坦率地说，当家庭环境充满羞辱和指责，负能量如同阴霾般笼罩着全家人，抑制羞耻型暴怒就更加如同逆水行舟。所以接下来，你该做的事情是：

- 尽你所能处理好你的羞耻感；
- 无论何时何地，都要做到尊重他人；
- 要求他人尊重自己，必要时坚持要求对方以礼相待；
- 离开被羞辱、批评、敌视或被忽视的环境；
- 让更多积极的、关心你的、尊重你的人进入你的世界；
- 多多收集他人的善意，但要记住，你也必须做一个友善的人。

第9步：防止羞耻型暴怒卷土重来

所有这些做法都是为了防止羞耻型暴怒再次发作，摆脱它们需要一定的时间。最重要的是，这是一场持久战。在这期间，你需要逐渐提高你的自我认同感。你必须从自我否定慢慢变成自我肯定，认为自己是好的，或已经非常好了。尽管这不能一蹴而就，但在自我接纳和自我认同的道路上每迈出一步，都能减少暴怒的可能性。与此同时，你也要保持警惕，时刻审视自己的方向，以免重蹈覆辙，重新走向暴怒。其中一个方法是列出所有可能引发羞耻型暴怒的想法。这些都是你曾经有过的、你所感受到的，以及你在暴怒前所做过的事情。下面是这项清单大致的内容。

- 羞耻型暴怒快出现时的想法："她不欣赏我""我没有价值""他认为他比我好""我好讨厌我自己""这样有什么用""他们好蠢""他以为他是谁"。
- 羞耻型暴怒快出现时的感觉："我很紧张""我要崩溃了""这种感觉很奇怪""我快要爆发了""我忍不住了"。
- 羞耻型暴怒快出现时的行为："我开始变得刻薄了""我又开始焦虑了""我的嗓门开始变大了"。

有些羞耻型暴怒的迹象非常明显，甚至提前数天就有迹象。这些迹象有可能是相当模糊和笼统的，比如"我感觉不太对"或"我感觉有坏事要发生"。也许你会觉得有点沮丧，有点郁闷，但不至于到真正抑郁的程度。这时其实是羞耻感悄悄回到你大脑的时候，它会让你虚弱、让你难受。很快，如果任由这种感觉继续，你的自我感觉很快就会降到谷底，最后不得不用暴怒来冲刷这种羞耻感。但其实，暴怒并不是不可避免的，但是需要你付出时间和精力去勇敢面对。当羞耻感威胁到你的生活时，你要做的最重要一步是对其宣战。

至于其他暴怒的迹象，可能只发生在你暴怒前的一两分钟：突然怒火攻心、厌恶的想法油然而生，或有一种自己被打败的感觉。这些迹象犹如你走在路上时,看到从远处飞速而来的龙卷风,只要有时间,你就要赶紧避开它。首先,尽量让自己先冷静下来,深吸几口气,提醒自己不要攻击他人,不要让自己变成暴怒模式。如果你真的快要失控了,你就暂停一下,立即远离相关现场。

记住,无论发生什么,永远不要放弃自己,永远不要向暴怒示弱。请继续努力,让自己越来越喜欢自己,越来越喜欢这个世界。从长远来看,这是摆脱暴怒的唯一方法。

Rage

Rage

A Step-by-Step Guide to Overcoming Explosive Anger

第 8 章

被抛弃型暴怒

贝蒂娜：一个总是担心被抛弃的女人

贝蒂娜是一家大型工厂的人事经理，今年40岁。

"别再说了，我不是已经把枪放下了吗？"这句骇人的话竟出自贝蒂娜之口，这是她发火时，对和她相处两年的伴侣梅森说出的第一句话。刚才，梅森只不过是跟贝蒂娜提了一下想去做亲密关系心理咨询的话题。梅森惊魂未定地说道："是是是，但你刚才真的吓死我了，我还以为你真的会开枪。"贝蒂娜说："嗯……因为你刚刚说，你会离开我。"从这段对话中我们显然可以看出，贝蒂娜完全有可能动手伤人，甚至杀人。

我想你也猜出来了，贝蒂娜把他们俩的关系闹成这样，已经不是第一次了。她曾经揪过梅森的头发，把他锁在门外、家里，扇他耳光，吐他口水。贝蒂娜还非常爱吃醋，她威胁梅森，哪怕偷看一眼别的女人，她就会把他的眼睛戳瞎。她对那些想勾引梅森的女人破口大骂，但最后还是会把焦点转移到梅森身上，责怪他处处留情。其实，梅森对贝蒂娜忠贞不贰，从来没有过出轨行为，但这似乎也没能让贝蒂娜发自内心地相信他。她总觉得，梅森迟早会乱来——因为男人都花心。

不只是跟梅森，贝蒂娜在每一段亲密关系中都存在同样的问题。事实上，她也承认，她是一个不知足、过分嫉妒和极度没安全感的人，也因为如此，爱她的男人一个又一个地被她逼走了。贝蒂娜并不是不知道，这些痛苦都是她自己酿成的，但她就是控制不了自己。"我痛恨自己，是我把男人都吓跑了。但我没办法忍受孤独，我觉得内心极度空虚。当梅森说想要和我分开一段时间的时候，我觉得自己快活不下去了。我很害怕，一害怕我就会生气。这让我仿佛回到了从前被抛弃、被背叛的时候。我抑制不住自己的怒火，我要发疯了。就好像我要让梅森为我的那段被抛弃的经历付出代价一样。"她哭着说道。

贝蒂娜是什么时候被人抛弃的呢？这段悲剧要从她小时说起。她对父亲最后的记忆便是他收拾行李，毫不解释地抛下一家人离开，再也没有回来。那时贝蒂娜才七岁。她的父亲从未真正地参与她的成长。小时候，父亲常常在家待上几天或几周，就匆匆离开了，随后又不声不响地回来。有时他也会承诺说自己会改变，会为了可爱的女儿留下来。但他的承诺从来没有兑现过，几次以后，贝蒂娜就不再相信他了。

贝蒂娜的母亲也不怎么可靠。她酗酒，和酒鬼们厮混，尤其是在丈夫离家出走以后，情况变得更加过分。这意味着贝蒂娜有些时候要整晚独自一个人在家，这让她极度缺乏安全感。但这种情况要好过母亲凌晨三点带着一个醉醺醺的男人回家，这种情况发生时，贝蒂娜常常会把自己锁在房间里，并不是因为害怕被陌生人伤害，而是因为她害怕听到一个又一个男人答应照顾她和她母亲，因为她知道几个小时、最多几天之后那人一定会消失得无影无踪。

贝蒂娜暴怒模式其实非常清晰，但她的暴怒情绪和前面几章中讨论的暴怒类型是不一样的：贝蒂娜并不担心自己会有人身危险（生存型狂躁）；尽管她也控制不住自己，但她并没有觉得自己身陷无可奈何的境地（无力型暴怒）；羞耻感也不是她暴怒的根源（羞耻型暴怒）；贝蒂娜暴怒的真正原因是她害怕被抛弃，她害怕的程度甚至可以用恐慌来形容。

被抛弃型暴怒是由真实的或想象出来的被抛弃、被背叛或被忽视的情形所引发的极大的愤怒感。

被抛弃型暴怒大多始于童年

约翰·鲍尔比（John Bowlby）是 20 世纪英国杰出的心理学研究者，他也是依恋理论之父。他发现，婴孩会在很小的时候对外界和未来的可靠程度做出自己的判断，这种判断影响颇为深远。虽然他们还不会说话，但基本上婴孩们都会问自己这样的问题。

- 当我需要的时候，会有人来照顾我吗？
- 说关心我的人，真的会对我好？
- 照顾我的人许下的承诺，我能相信吗？
- 照顾我的人可靠吗？他们到底是来保护我的，还是他们就是危险本身呢？
- 照顾我的人是否会飘忽不定、言行不一？
- 照顾我的人，无论如何都会在我身边吗？还是他们会抛弃我？
- 照顾我的人是完全无条件地爱我吗？他们是否会因为我说错话、做错事而收回对我的爱？
- 这个世界在多大程度上是安全的？这里的人在多大程度上是安全无威胁的？

这些问题可以归结为一个大问题:"我能否信任这个本应爱我并照顾我的人?"

说出来你可能不信,孩子到 18 个月大的时候就差不多摸索出了自己的答案。每个人都会逐渐形成依恋的内部工作模式。人们脑海里的这个模式类似烘焙模具或模板,当模式形成以后,他们都会依照模式提出需求,希望别人按他们的模式行事,特别是那些关心和爱护自己的人。在贝蒂娜的案例中,我们可以看到她在童年时期已经开始预设,没有人是值得信任的,尤其是那些信誓旦旦要提供爱的港湾的男人。她在内心深处始终坚信,男人们都会像她的父亲一样——许下永不兑现的承诺,最终抛弃她。因此,这一信念深深扎根在她的心底,无论梅森对她有多好都无法感化她,讲到这里,梅森的忠贞也就失去了它的意义了。因为,无论他看起来多么可靠,有一天他都可能会欺骗她,或在不久的将来抛弃她。在她的眼里,与梅森的这段恋情只不过又是一次悲剧的重演罢了。这么一想,贝蒂娜的担心和愤怒就并非毫无缘由了。

在继续阅读之前,我希望你回看上述的几个问题,并花点时间认真回答。光看字面的意思是远远不够的,你还要用心体会对每个问题的感受。要特别注意最后一个问题:"我能否信任这个本应爱我并照顾我的人?"这个问题的答案基本上能在很大程度上回答你是否有被抛弃型暴怒的问题。

孩子哭闹只是为了不让照顾者离开

还记得,有一天我和妻子帕特准备去看一场电影,当时我们的第一个孩子辛迪才一岁。她察觉出我们准备要出门,就开始明显地焦躁了起来。她先是朝我们伸手,见我们不理她,胖嘟嘟的小脸胀得红通通的,又哭又叫,拼命反抗,怎么哄也哄不好,坚持不肯放我们走,最后,在保姆的坚持下,我们还是离开了。离开以后,我和妻子内疚不已。保姆说,辛迪哭了足足一刻钟才停下来。

想要弄清孩子为什么会这样,你就要把自己带入到孩子的处境中。对辛迪这么大的孩子来说,照顾者的离开是没有"暂时"这一概念的。他们不知道时间是什么、一小时是多久,又怎会明白爸爸妈妈几个小时后就会回来呢?另外,婴幼儿缺乏大人的照顾是无法生存的,因此他们需要照顾者在身边,这是他们赖以生存的条件。所以当预感要失去照顾者的时候,他们就会抗议。不过如果用"抗议"一词来描述孩子哭闹的情形,不免太过于委婉,他们其实就是在暴怒。如果他们能用语言来表达自己的情绪,他们会这样说:"你怎么能离开我!你是不是根本不在乎我的死活?我恨你!我恨死你了!坏蛋!但求求你快点回来,因为我很需要你。"

这便为成年后的被抛弃型暴怒打下了基础。像贝蒂娜这样的成年人,他们还有着受伤孩子那般的想法和行为。他们会在伴侣离开之时竭尽全力反对,心中还会掺杂着怨恨和渴求这两种复杂的情感。

不过,并不是所有的孩子长大后看到伴侣偶尔不在身边就会大发雷霆。像贝蒂娜这样在不稳定的环境中长大的孩子，才会容易成为被抛弃型暴怒者。

亲密关系中的安全感和不安全感

心理学研究者对第一种依恋类型的描述是这样的："在情感上与他人亲近对我来说不是难事。我很乐意依赖他人，也很乐意让他人依赖我。我不担心孤独或别人不接受我。"

结合自己的情况看一下，你同意上面的说法吗？在关系中抱有自信和舒适感的人一般都会这么想。心理学研究者将符合以上特征的依恋类型称为安全型依恋。

如果你有幸至少拥有一位充满爱的和健康的、言行一致的爸爸或妈妈（或继父母、祖父母，或其他能够为你提供稳定生活的人），那么你很可能在关系中表现出颇为安全的人格，意思是你相信你爱的人会一直爱你，你相信他们会遵守承诺，一般情况下，你对周围的人会持有信任感。此外，当伴侣离开你几个小时甚至更长的时间时，你不会感到太过担心。你完全相信对方会回到你身边。你相信伴侣希望你加入他的生活。当然，你不免会吃醋或缺乏安全感，但伴侣只要给你一点保证（比如"亲爱的，别担心，我会尽快回家，爱你"），就可以完全让你放下担忧。所有这些良好的感觉意味着，你不会在每次和伴侣分离的时候大吵大闹，你也不会因此发火。

心理学研究者对第二种依恋类型的描述是这样的："我想与人产生完完全全亲密的感觉，但我也经常发现别人并不愿意和我这么亲密。缺乏这种亲密感的关系让我很不舒服，我有时也会担心别人不能像我珍惜他们一样来珍惜我"。这些感受描述的便是焦虑型依恋人群的心理特点。他们经常担心会被自己所爱或所需要的人抛弃。高度焦虑使他们时刻要与伴侣保持联系。于是，他们在亲密关系中最重要的需求便是"不要离开我"。虽然他们常常需要精神支持，但是他们提出的需求非常苛刻，比如不停嘀咕（"你别走，没有你我活不下去"）、苛求（"你不能离开我，你必须给我留下来"）。相反，因为他们不断要求对方陪伴（这一点需要花大量的时间），所以常常让他们的伴侣感到窒息。看到这里，你是否有熟悉的感觉？你是否符合这种情况？你在关系中是否总是很焦虑？

心理学研究者对第三种依恋类型的描述是这样的："和别人太亲近会让我不舒服。我想要和别人建立深厚的感情，但是我很难对别人产生完全的信任和依赖。如果我敞开心扉让别人走进我的内心，我怕我会受伤。"这种类型我们称之为混乱型依恋。具有这种人格类型的人最害怕被拒绝。尽管一开始他们会尽量避免让自己在一段关系中太投入，但最终他们还是会完全投入其中。而且他们的伴侣会发现，真实的他们在情感中非常敏感和脆弱。这是因为在他们内心深处，始终认为自己终将会被伴侣抛弃。不过，他们不会像具有焦虑型依恋类型的人一样用行动管着对方，他们只是感觉自己每天都生活在即将被抛弃的边缘。最重要的是，让这类人去相信别人，往往比登天还难。他们很难相信居然有人会对他们保持忠诚。这种信任感的缺失会蚕食他们的亲密关系和人际关系，让这些人几乎不可能产生真正的安全感。如果你属于这种类型，并且每天都生活在恐惧和担心之中，那么说明你是过于害怕了，其实不用这么担心的。

你属于哪种依恋模式

由于现实情况太过复杂，我们没有办法将一个人完全归属于任何一种单一的依恋模式。因此，你有可能面对同一个伴侣，在一种情况下表现出的是安全型依恋模式，在另一种情况下表现出的是焦虑型或混乱型依恋模式。又或者你可能在一段关系中是安全型依恋模式，但在另一段关系中却是焦虑型或混乱型依恋模式。关键是，你在现在的这段关系里表现出来的是哪一种依恋模式，或者哪一种依恋模式所占的比重比较高。

你是怎么看待自己的呢？在这些类型中，你觉得哪一种最符合自己？哪一种有些符合自己？哪一种最不符合自己？你的伴侣是否同意你的看法？也许你应该问问他。因为有时候，人们自认为他们是安全型依恋模式，但他们的伴侣却觉得他们是焦虑型或混乱型依恋模式。

如果不确定自己是哪种类型的依恋，你可以问问自己，当你面临和伴侣可能会暂时分离时，你会怎么做。比如，伴侣说："亲爱的，我想每周和你分开一个晚上独处，可以吗？"

你是否会抗议，比如"不可以！不行！你离开我要去干什么？你不爱我了吗？你心里有别人了吗？你是要抛弃我吗？"你是否会指责，如"我就知道！你们这些人都一样！看来我没办法把自己放心地交给你。"你会不会沉浸在痛苦里，完全听不进伴侣的任何解释，无论他说得多么合理（比如，你伴侣的理由是——亲爱的，每周你可以离开两个晚上，有两个晚上的休息时间。我也只是想暂时想过一个没有孩子在身边打扰的晚上，但这并不意味着我不爱你啊）。接着，你会不会开始崩溃（"我恨你！你逃不掉的，我要让你付出代价"）？最后，你是否会爆发被抛弃型暴怒？

以下是焦虑型依恋或混乱型依恋的被抛弃型暴怒者的特点。请对照一下，看一下有几条符合你的情况。

- 我一想到自己会被抛弃或被背叛，我就会怒不可遏。
- 我的嫉妒心很强，这让我备受困扰。
- 当有人对我说"我很在意你"的时候，我会本能地去寻找他并不在意我的证据，因为我不相信他。
- 被我爱的人忽视，对我来说是无法忍受的。
- 我的父母或伴侣曾经离开（或者忽视、背叛）我，我很想报复他们。
- 我经常觉得自己被伴侣、孩子或朋友欺骗，因为我给予他们的爱、关心和关注比他们给予我的要多。
- 当我气疯的时候，任何关心的话或解释对我来说都没有用。

如果你经常表现出焦虑型或混乱型依恋，那么你常常会有不安全感。这种不安全感，会让你很容易产生被抛弃型暴怒。那是因为你无法在灵魂深处相信你的伴侣真的爱你。你的不确定感会让你不断怀疑对方的忠诚度。你时刻保持着这方面的警惕性，随时随地因怀疑伴侣会离开你而大吵大闹。你的暴怒皆源自灵魂深处的那个声音："为什么没有人爱我，向我敞开怀抱，安抚我的内心，给予我足够的安全感？"

如果你有被抛弃型暴怒，本章接下来的内容就能帮助到你预防和摆脱被抛弃型暴怒。首先，你要思考一下，是什么导致了你在依恋关系里的焦虑和恐惧。或者你像贝蒂娜一样，从孩提时代开始，在你需要帮助和照顾的时候，找不到人可以依靠。你的父母可能因为种种原因无法陪伴你、没有给你可靠的生活保障或他们经常消失，又或者家里有人常年生病、酗酒或药物成瘾；亲情淡薄；因战争或工作需要而不得不分离；父母一方患有影响生活的抑郁症（或其他精神疾病）；父母分居（或离婚），其中一方禁止孩子见另一方的不愉快情况；贫穷也可能会使父母无法满足你的需求。如果这些问题起源于儿童早期，并且持续了很长时间，比起那些有稳定成长环境的人，你可能会缺乏安全感，因此更有可能怀有一种难以摆脱的可怕的想法：你爱的人经常想离开你，下定决心要离开你，并且肯定会离开你。

不过，童年的创伤并不是人们缺乏安全感的唯一根源。成年之后的不健康的关系依然会对你产生强烈的影响。爱上一个撒谎、欺骗和偷窃的人也很有可能让你缺乏安全感。不仅仅原生家庭，你全部的感情史都会对你的依恋模式产生影响。

如何获得安全感

"安全型""焦虑型"和"混乱型"这些术语都是用于描述依恋的内部工作模式的（这个模式还有第四种依恋关系的类型，叫作回避型依恋。回避型依恋人群不轻易与人产生亲密关系，因此也不容易产生被抛弃的暴怒。所以，我仅在这里对回避依恋类型仅做简要概述）。依恋的内部工作模式关系着你对人际关系的看法，在你18个月大的时候就会形成关于人与人之间关系的看法，它们非常强大且根深蒂固。因此，具有焦虑型和混乱型依恋模式的人不会因为一段关系顺利了几天、几个月，甚至几年，他们就能轻易地建立起安全感。就这点而言，安全感强的人也不会因为和伴侣只过了几天不愉快的日子而变得没有安全感。

但我可以告诉你一个好消息。大量的研究表明，人们随着时间的推移会改变他们的依恋模式。这可以理解为无论你现在多么缺乏安全感，都有可能习得更安全的亲密关系，同时会自我感觉更好。这不乏案例支撑，所以你必须对自己有信心，耐心地等待这种状态的到来。相信自己，可以获得真正的安全感。在合适的条件下，你的依恋模式完全有可能发生改变。不过，改变需要一个过程，不会一蹴而就。

我必须在此做一个免责声明：无论你多么渴望安全感，如果你在现实中继续和不安全的人待在一起，那么会让原本就没有安全感的你更难获得安全感。你需要和值得信赖的人相处，才能培养起你的信任感。

同时，你需要有一定的冒险精神。如果你想要战胜被抛弃型暴怒，就有必要建立内心的安全感。一个长期的对付被抛弃型暴怒的方案就是，对你自己和你爱的人更有信任感。

如何摆脱被抛弃型暴怒

预防被抛弃型暴怒，你必须采取以下七个步骤。

第1步：深挖自己为何暴怒

羞耻型暴怒和被抛弃型暴怒有相似之处。这两种类型的暴怒唯一可见的情绪都是极端的愤怒，但隐藏起来的是另一种同样强烈的情绪。羞耻型暴怒隐藏起来的是深深的羞耻的感觉；被抛弃型暴怒隐藏起来的则是一种深深的恐惧感（害怕被抛弃）。你需要从情绪爆发的那个时刻开始倒推，才能发现你的愤怒是怎样把其他情绪掩盖起来的。在倒推的过程中，你必须解决掉以下四个问题。

你在对谁发怒？ 被抛弃型暴怒攻击的对象通常是我们生命中最爱和最需要的人。他们是我们心中不可或缺的人，或者说如果没有他们，我们的生活就失去了意义。那么，伴侣、前任、父母、兄弟姐妹、自己的孩子、最好的朋友和重要的同事都有可能成为被抛弃型暴怒者攻击的对象。你有可能把暴怒只撒在男性（或者只撒在女性）身上，或者撒在那些能让你想起你父母的人的身上，又或者只把暴怒只撒在年轻人（或只撒在年长的人）身上。仔细回想你的暴怒模式，看看你在和什么类型的人相处的过程中最应该警惕暴怒的苗头。请时刻谨记，预测暴怒来袭最好的方法是基于过去的经历。因此，你下一次暴怒时攻击的对象极有可能是你以前暴怒时攻击的对象。

你在什么时候发怒？ 换句话说，什么样的具体事件会触发你的暴怒情绪呢？这些触发因素有可能来自他人，比如伴侣说想在今晚离开你几个小时，但是也可能来自你自己——是你自己想出来的，比如你会理解为你的伴侣可能想过一段分手冷静期。这样思考下去，你很快就会发现其中隐藏的问题。例如，你可能会发现，当伴侣提到"我只是需要一点独处的时间"这一类话时，或者当你想到"怎么会有人愿意和我在一起"的时候，你就受不了了。所以，你要想彻底摆脱被抛弃型暴怒，还需要找到办法来中和这些极度情绪化的说法和想法。不过现在，你还是专注于观察自己吧。

你发火的时候什么样子？ 你会怎么说？你会怎么做？你的表情看起来是怎样的？你的声音怎样？你会说恶毒的话吗？你会打人、把人推开或掐住对方的脖子吗？也许你的暴怒情绪非常激烈，暴怒时你可能都不知道自己说了什么、做了什么，所以你可能事后需要询问其他人到底怎么回事。当你询问的时候，请不要为自己辩护（"我怎么会这样呢！我绝对不可能会做出这种事"）；相反，要认真听别人说的话。

你为什么要发怒？ 这是最重要的问题，也是最难回答的问题。解决的关键是回溯到开始发怒的那一刻，你问自己："当时发生了什么事，是什么让我感到被抛弃或被背叛了？"请用下面这种格式来回忆这次暴怒经历。

当他/她说_____的时候，
我感到_____（被抛弃、被背叛……），
因为_____。
或者，
当我想到_____时，
我感到_____（被抛弃、被背叛……），
因为_____。

我在这里提供两个例子供你参考：

当苏济说一个同事说她很性感的时候，
我感到威胁和恐惧，
因为我觉得她会因此爱上对方。
当我想到苏济换了新发型有多好看时，
我感到无力和脆弱，
因为我想着她做头发是为了吸引其他男人。

这些引发暴怒的想法有道理吗？当然没有。暴怒者会把一个中性事件变成一个威胁亲密关系的事件，而这很可能正是被抛弃型暴怒者暴怒时的做法。

第 2 步：做出承诺，无论如何都不要暴怒

非理性的嫉妒是缺乏安全感的人最主要的特点。他们可能会从伴侣的手机或钱包里找到任何不忠的证据，或做出离谱的指控。他们不断要求伴侣来证明爱他们，并且只爱他们，但这种事情几乎无法提供证据。无论伴侣向他们保证什么，他们的心里都只有空虚和绝望，因此他们从来没有感到过足够的安全感。他们每天担心、忧愁，因为在内心深处，他们并不觉得自己真正拥有他们的伴侣。他们坚信，伴侣迟早会幡然醒悟，为了某个更好的人而离开他们。这个最重要的不安全信念首先会诱发嫉妒和怀疑；其次会诱发毫无根据的指责；最后会诱发被抛弃的暴怒。你很清楚，你因为嫉妒，会不由自主地跟踪、偷听、质疑和谴责。但请及时制止自己的胡思乱想。

在任何治疗过程中，都会有一些关键时刻，被人们称为"勇气测试"（gut checks）。你需要拿出所有的勇气、承诺和信念来度过这些时刻。当你试图摆脱被抛弃型暴怒的时候，你会发现它们出现的频率很高，因为在亲密关系中经常会遇到伴侣需要短暂离开一下的情况。即便有时对方只是去商店买份报纸或一包香烟，也足可以让你在极度缺乏安全感的时候暴怒。你可能会很想阻止伴侣出门，所以会不由自主地挑起事端。

不过，无论你多么想这样做，你都还有其他的选择。你可以继续大吵大闹、满腹牢骚、纠缠你的伴侣，让对方忍无可忍地离开你；你

也可以做出承诺，无论多么缺乏安全感，都不要暴怒。不过，纸上谈兵向来很容易。暴怒会让你会失去很多东西，谁不想摆脱它呢？不过你要清楚，如果你有被抛弃型暴怒，你就会控制不住地发火，因为你的伴侣难免会说出一些引发你被抛弃的恐惧的话，这样下去，你就会越发怀疑对方的爱和忠诚。这时就会考验你能不能守住承诺不暴怒。当恐惧来临时，你不能让自己被恐惧吓倒。你必须时刻提醒自己，生命中还有更重要的东西。你必须遵守自己许下的承诺，控制住你的恐惧和愤怒。

如果你是一个爱嫉妒的人，这个承诺尤其重要。你绝对不能给自己任何借口和理由去指责或攻击你的伴侣，不能让你的嫉妒心占据上风，因为如果你向嫉妒心示弱，它就会毁掉你。

第 3 步：用信任感替换不信任感

作为一名心理治疗师，我发现替换定律的治疗效果颇具成效。做法很简单：比如，每当你想摆脱一个习惯的时候，你就要养成另外一个习惯来替代它。好比你对自己说"我应该少看电视"并没有用，而要说"我要多看书"，或者我要多做其他有趣的事情。如果你想摆脱某个习惯但却没有可替代的习惯，就相当于形成了真空，原本想被戒掉的习惯就会在此形成一个空白区域，那个空白的区域通常会再次被你想要戒掉的习惯填满。替换定律既适用于思想，也适用于行动。在你形成新的想法前，你无法摆脱掉原本的思维方式。

不信任感是被抛弃型暴怒的养料。比如，"他要出去找女人了""她会离开我""他肯定会让我失望的""我不能相信任何人"，这些都是非常容易滋生出被抛弃型暴怒的负面想法，你必须想办法把它们替换掉。那么，用什么来替换呢？我觉得"信任"是个很不错的选择。尽管如此，你还是很难做到，因为你的大脑经过长期的训练，习惯了怀疑和不信任，而学习信任，在刚开始的很长一段时间里都如同逆水行舟。然而只要多信任、多练习，信任就会变得越来越简单。最终，你的努力会把船只送达顺风顺水的海域，接下来便是顺水行舟了。

那么，这些积极的想法是什么样子呢？让我们来看一下吧。

- 今天，我选择相信＿＿＿＿（某人）。
- 从现在开始，我要相信 ＿＿＿＿（某人）。
- 我会假定他（她或他们）无罪。
- 我想、我能、我会变得更加信任他人。
- 我现在比以前更加信任他人了，我会继续发展我的信任感。
- 我的世界比以前更安全了，我只需要接受这个事实。
- ＿＿＿＿（某人）是爱我的，想和我在一起。

我建议你选择其中一些想法，并不断重复，并在生活中总结一些自己的想法。这些想法能够说服你自己，而不是让自己觉得好像说了一堆废话，它们能够帮助你找到安全感。最重要的是，这些想法会帮你摆脱被抛弃型暴怒。

第4步：先从你过去能够信任的人开始

如果我问你，你过去信任过谁，你会怎么回答？一个朋友、小学老师，还是过去的情人？父母或继父继母？兄弟还是姐妹？祖母还是叔叔？辅导员还是社工？还是帮派成员？希望你身边能有一些可以信任的人。如果可信任的人非常少，那么找出一两个靠谱的人也行。如果你说没有一个人值得你信任，我是不会同意的。因为每个人生活中都会遇到可以信任的人，哪怕这个人曾经只是在一小段时间内值得你信任。不然，这就很可能是为了帮自己的暴怒找理由而编造的谎言。

现在，请你想想那些已经赢得你信任的人。他们是如何赢得你信任的呢？他们说了什么、做了什么吗？他们信守承诺了吗？还是即使你想把他们推开，他们还是坚持留在了你的身边？即使你不相信他们，他们还是坚持相信了你？这些人都比较可靠，能够让你觉得可以信任和依靠，不是因为他们曾经支持过你，而是因为他们不止一次地支持过你。你可以依靠他们，也许不是每次他们都能做到可以让你依靠（他们也是普通人），但大部分时候他们的确都做到了。

那么问题来了。你会想，只有零星几个人，做了一点点值得信任的事，又怎么可能治愈你呢？怎么填补得了你生命中那些重要的人给你带来的痛苦呢？

首先，它表明你也曾遇到过值得信任的人，这真的是三生有幸。同时也说明你并不少缺乏良好的识人能力，你以后还可以这样去做。其次，这些人没有让你对全人类产生绝望，他们让你相信，你是值得被爱的，你是安全的，你是被接受的。最后，也是最重要的一点，他们为你提供了当下和未来的识人的标准，可以让你看出谁是遵守承诺的人，谁是虚假承诺的人。

信任是防止被抛弃型暴怒的关键，但这不代表你可以盲目、天真地信任别人。你的信任是建立在忠诚和真诚的基础上的，这些人会像你从前相信过的人一样给你带来安全感。

第 5 步：用信任代替嫉妒、怀疑和猜忌

信任不仅仅代表一种态度，也代表着你的一言一行。所以，如果你曾经历过被抛弃型暴怒，你肯定需要改变你的言语和行动。

也许在这之前，我们应该先给"信任"下个定义。"信任"的同义词有确定、信仰、信念、信心、信赖，信任某人意味着你从心底愿意相信那个人是站在你这边的。如果你确信这一点，你就会在关系中感到更安全，而不是疑心重重，你就能对伴侣的爱和忠诚感到信心十足。

你想要彻底摆脱被抛弃型暴怒，就要学会用信任的方式说话和做事，这非常重要。如果你不信，可以看看贝蒂娜内心的不信任感是如何影响她的言行的。

贝蒂娜常会说一些不相信他人的话，比如，"你刚才在哪儿？你在和谁说话？你们说了什么？""你喜欢她？你有多喜欢她？你喜欢她多一点还是喜欢我多一点？"她还常大声地言之凿凿地说梅森会像之前的那些男人一样离她而去。她还经常在梅森面前说自己有多需要他，她觉得梅森有一天一定会对自己厌倦。此外，贝蒂娜会一遍又一遍地问梅森是否真的爱她，但当梅森说"是"的时候，她又说自己不相信他。不仅如此，她还有一些不信任的行为：跟踪梅森，偷看他有没有和其他女人约会；她还会警告其他女人别去招惹梅森；她还经常揣测梅森的心思，这样她就可以信心十足地指责梅森要跟她分手了；她不允许梅森单独出去，她希望梅森每天晚上都能乖乖待在家里。

所有这些不信任的言行会带来什么后果呢？正如贝蒂娜所说："我用自己的指责、怀疑和嫉妒赶走了我的伴侣。"但这还不是全部。

她还在不断强化一种观念，那就是"所有人都不值得被信任"，所以贝蒂娜一直无法走出困境。因为她不信任别人，所以她说的话、做的事会把别人吓跑，这样一来就形成了恶性循环，导致她更加无法信任别人。

那么，应该如何开始建立信任感呢？第一，请认真做出承诺，要更加信任他人，尤其是自己的伴侣。请相信，怀疑他人的习惯是不健康的，在你的生活环境里是不必要的。第二，你必须始终相信你的伴侣，这意味着你不再指责，不再无休止地审问，或要求他/她证明是否爱你。不管你得到的答案是什么，这种没有意义的问题都只会增加你的不安全感，所以请停止对伴侣的审问。第三，请在恐惧和疑虑占据你的思想前管好你自己。如果你意识到"我又开始胡思乱想了，得赶紧停下来"，那么你就成功了一大半。第四，练就信任他人的口头语，比如"我相信你"和"我可以依靠你"，而不只是在心里默念，信任他人的话要大声地说出来。请注意，你不能说"我希望我能信任你"或"我也想依靠你"，或是"我相信你，但是……"，这种论调一听就充斥着对他人的不信任。第五，用信任他人的方式行动。请把这个问题时刻挂在嘴边："一个有安全感的人在这种情况下会怎么做？"照着有安全感的方式去做，哪怕对你来说有点别扭，但相信我，请继续做下去。

第 6 步：学习相信被爱和被需要

由于不安全感的困扰，人们容易走向被抛弃型暴怒。他们经常拷问伴侣，对方是不是真的爱他们。只可惜他们耳朵听到的永远是："别信任我，我几个月后就会和你提分手，但我绝对不会先这么做，我会先出轨，然后骗光你的钱，最后再和你分手。"他们很少听得懂安慰的话，比如"我爱你胜过一切""我想和你共度余生""我保证真心待你"。即便对方通过了他们的拷问，他们的内心也会这样想："说说当然容易了，渣男也都这么说呢，我还是不敢相信你。"被抛弃型暴怒者很难相信天长地久，被遗弃的阴影犹如遮住太阳的迷雾。然而，这种特殊的雾是精神上的，它不是由小水滴构成的，而是用怀疑、无用、恐惧和愤怒构成的，这层雾遮挡了温暖和爱的阳光。

那么，怎样才能穿越这层迷雾呢？你必须学会接受别人给予的爱和安全感，这需要有意识地去练习。比如，在伴侣说爱你的时候，请做一次深呼吸，让你的身心好好铭记这句话。请护送这些话，穿过你怀疑的身躯，进入你的灵魂。请选择相信你是被爱的、被欣赏的和被接受的。让爱的阳光照进你的心里。

我理解，为了让自己放心，偶尔问问伴侣也没关系。"你真的爱我吗"是一个很正常的问题，至少在一段关系刚开始的时候问一问是非常正常的。你只要在对方给你保证的时候，敞开心扉去接受就行了。对方抱你的时候，请不要无动于衷，请伸出双手，抱紧你的伴侣，感受这份温暖。当伴侣不在你身边的时候，请提醒自己你是被爱着的，想想对方爱你的画面，重温一下对方的保证，回味一下被拥抱的感觉。

不信任的迷雾不会轻易消散，它甚至可能会卷土重来，但是不要气馁。接受你伴侣的安慰和保证，体会安全的感觉。将自己爱猜忌的心转变为富有安全感的心，这样也能帮你逐渐摆脱被抛弃型暴怒。因为可以感受到与伴侣心连心的人，感受到自己被呵护的人，怎么可能还会有被抛弃型暴怒呢？

第 7 步：尝试放下过去

被忽视的感觉："我妈妈抛下我们不管了。"

被抛弃的感觉："当父母离婚，父亲要搬走的时候，我感觉世界要崩塌了。到现在我都难以释怀。"

被拒绝的感觉："妈妈告诉我，她后悔生了我。"

被背叛的感觉："父母曾向我保证他们永远不会离开我。但后来他们把我扔到外婆家，然后一走了之了。"

被忽视、抛弃、拒绝或背叛，这四种类型的伤害会剥夺我们的安全感。新的伤害会增加我们的痛苦，但最严重的伤害往往来自人生早期。这些伤害（甚至发生在你还没有什么记忆的时候）是你形成依恋模式的基础，并且会为你以后积累的新的伤痛经历加上信息过滤器，这些过滤器至今都决定着你对亲密关系的看法。你的过滤器留下来的是什么呢？——是别人忽视、抛弃、拒绝和背叛你的证据，不管这些证据在逻辑上多么地站不住脚；而又是什么被过滤掉了呢？——是别人对你的忠诚和爱。结果，世界在你的眼里总是充斥着怀疑和不信任，没有人值得你信任。

如果你无休止地想象着坏事会发生（比如下列括号中的内容），那么你的世界将会非常缺乏安全感。

- "他说他想照顾我（但他肯定会像我妈妈一样酗酒吸毒，最后还是得由我来照顾他）。"
- "她提出要搬来和我住（这样她提分手就能狠狠地伤害到我了，就像我父母离婚时爸爸的离开对我的伤害一样）。"
- "他说他能够完全接受我（但那是瞎扯，因为他最后肯定会觉得把我生下来就是一个错误，就像我妈妈想的那样）。"
- "她说她永远不会离开我（我父母把我交给外婆之前也是这么说的）。"

你暴怒的目的是想挽留身边的人。你暴怒是对曾经和未来被抛弃的抗议，因为你坚信生命中重要的人迟早都会忽视、抛弃、拒绝或背叛你。如果要控制暴怒，就得停止这种思考方式。前六个步骤能够帮助你以一种充满信任感的方式思考。然而，还剩下很大的一步，那就是向过去的恶魔宣战，直面那些生命早期的依恋伤害。你必须和过去划清界限，这样现在的你才能以一颗纯洁无瑕的心去拥抱别人的爱。

你必须用自己的方式完成灵魂的净化。这里有几种方法可以帮助到你。

- 请相信，你的未来由你决定，你不必重蹈覆辙。你有能力创造一个新世界，你能被爱你、关心你、对你忠贞的人包围。此外，你要相信世界是美好的，这样才能驱散你内心的痛苦，不让再次暴怒发生。
- 请你每天提醒自己，现在你身边的伴侣早已不是从前的那个负心人了，这是每天必不可少的待办事项。你的妻子并不是你母亲年轻时的翻版，而是一个完全不同的人；你的男友也不是你父亲的翻版，即使他和你父亲一样年纪轻轻就秃顶了；你的孩子们也不会像你冷血的兄弟姐妹一样，他们是完全独立的个体。
- 你可以把旧时的创伤写在日记本里。如果你能写下过去的感情对你造成的伤害，感受这份痛苦和愤怒，然后写下这种经历的起因经过，以及你是怎样走出阴霾的，这样梳理一遍，那么这种方法会非常有帮助。你同样也可以记录下过去和现在有什么不同的地方，可以用来帮助你划清现在和过去的界限。
- 你也可以求助专业的心理咨询服务，在有一个安全的、有人支持的环境下解决你的问题。
- 求助于你信任的人，特别是那些已经赢得你信任的人，告诉他们，你在学习如何才能更加信任别人，然后向他们表达你想进一步和他们建立信任关系的想法。
- 原谅那些曾经忽视、抛弃、拒绝或背叛你的人。这么做你也许能争取到他们重新善待、关心和爱你的机会。与此同时，这也让你认识到人并不是非黑即白的，这种观点非常重要，它能让你对现有亲密关系持有更加客观的评价。这样你就不会因为他们偶尔无心的怠慢而生气了。
- 宗教信仰也可以帮助你放下对不可控的事物的执念，包括对于过去经历的执念。它还可以帮助你用感恩、平静、积极的心态来取代痛苦的感觉。

被抛弃型暴怒是一个无情的杀手，别让它毁了你和你爱的人。

Rage

Rage

A Step-by-Step Guide to Overcoming Explosive Anger

第 9 章

没有愤怒的生活

威利的成功案例

几年前，年届 40 的威利来找我做心理咨询，见面第一句话就是："彭妮和我分居了，我想让她回来。你能帮我吗？"你大概已经猜到了彭妮为什么要离开——威利有突发型暴怒的问题，但他从没想过改变。妻子的行动给他敲了警钟。威利真的很爱彭妮，他愿意竭尽所能来挽回这段感情，包括改掉他的突发型暴怒的毛病。

当然，仅有强烈的动机并不足以摆脱暴怒，但这确实也会有一定帮助。在找我做咨询之前，威利已经成功地控制了几次暴怒，但是还有几次他失败了。威利最近一次发火是因为他问彭妮会不会很快搬回来住，但彭妮没有马上回答他。威利对当时发生的事件是这样描述的："我当时试图保持冷静。我告诉自己要有耐心，但是我只想听到肯定的答案，可是她并没有答应要马上回家，于是我就崩溃了。我感到自己已经开始忍不住要发火了，但我停不下来，其实我也没有真的想停下来。我气极了，朝她吼叫，说她肯定是想到处乱搞，我把骂她的话说了个遍，最后我都不记得自己说了什么了。第二天，她给我送来了离婚协议书。她说，我这次发火让她下定了决心。就在那个时候，我突然觉得自己有必要找一位心理咨询师来帮帮我。"

两年后，威利和彭妮和好了，他们一起来见我。当时彭妮的反馈是这样的："威利不再动不动就发火了，尽管他有时还是会为了鸡毛蒜皮的小事生气,即便如此,他还是能够保持冷静。我们现在可以心平气和地交流了,他也真的能听进去我说话了。有时候,如果他觉得快要控制不住自己了,就会先离开一会,等他回来后,我们再一起把问题解决了。虽然走到这一步,我们花了很多时间,但如今大多数时候,和他在一起时,我还是很有安全感的。"

威利付出了许多努力来控制愤怒,也取得了巨大进步。尽管一开始他信誓旦旦地说,他的愤怒是突如其来的,而如今他已经能够识别出要发火的迹象了。同时,他开始服用抗抑郁的药物,因为他有抑郁症,如果不治疗,很多时候会影响他的情绪,让他更容易情绪激动、发脾气。通过练习,他会利用替换定律来应对偏执了。除此以外,他还减少了咖啡因的摄入,也戒了酒,"因为我需要控制自己的大脑。"威利说道。另外,他还在治疗过程中探讨了一些原生家庭问题,帮助他理解为什么他做不到尊重彭妮。威利也很谦虚,他知道,松懈会让暴怒有可乘之机,所以他着手学习了一些管理和预防暴怒的方法。

不过,当我问威利成功的秘诀是什么时,他再次回到了自我激励和自信的问题上:"我告诉自己,我可以制止暴怒。我能让自己停止暴怒。我值得更好的生活。"

概念回顾

关于暴怒,我们谈了很多,最后,让我们来回顾一下几个主要的观点。

暴怒是一种极度愤怒的体验。暴怒是太多愤怒由于没有得到及时处理积压在一起而触发的事件。总的来说,暴怒是一种大脑在紧急情况下处理愤怒情绪的选择。当你与讨厌的人无法继续沟通下去的时候,当所有事情都无法缓解你的愤怒的时候,当"暂停"也无法让你冷静下来的时候,当想到一个让你抓狂的问题的时候,当没有人理解你的时候,当你无法放松的时候,当大脑告诉你失败了的时候,这些迹象都有可能表明你即将暴怒了。

暴怒的过程会伴随着人格转换。暴怒时,暴怒者的内心会不同于往常。有三种方法可以衡量这种转变:第一种,你意识不到自己说的话、做的事;第二种,你会觉得自己变成了另一个人,就像电影《化身博士》中的主人公一样,仿佛暂时变成了另外一个人;第三种,你无法控制自己的行为,也无法控制自己的言语。

在暴怒彻底爆发之前,可能会先产生一些轻度的愤怒。并非所有的暴怒都是毁灭性的。有可能你只是失去部分控制,但这都是些比较小的愤怒情绪。你要对这些比较小的愤怒情绪有良好的认识,才能在暴怒来临时最大限度地控制自己。

临近暴怒。在某些时刻,人们几近崩溃,但最终不知为何还是停了下来。针对这种临近暴怒的体验也值得深入探究。因为这样做可以帮你找到临近暴怒与暴怒之间的细小关键点。

暴怒有很多种类型。暴怒有很多种类型,区别最大的是突发型暴怒和累积型暴怒。突发型暴怒来得猛烈迅速、鲜有征兆,而累积型暴怒则可能需要经过几天、几周、几个月甚至漫长的几年的累积。如果说突发型暴怒像龙卷风,那么累积型暴怒则像地底吐出的火舌,慢慢地烧毁所有它经过的地方。

　　暴怒也可以按照起因来划分。比如，生存型暴怒的起因是为了抵抗威胁生命的人身攻击；无力型暴怒的起因是自己无力应对生活中的重大事件；羞耻型暴怒的起因是试图反讥他人对你有意无意地侮辱；被抛弃型暴怒则是被生命中最重要的人抛弃时崩溃的控诉。

　　如果你是一个暴怒狂，请不要觉得你是孤身一人。世界上至少有20%的人有过偶发性暴怒，其中大多数暴怒都是轻度的暴怒。但不管怎么说，暴怒总是危险的，也可能是致命的。

　　暴怒是可以预防的。预防是控制暴怒的关键，也是改善生活质量的关键。通常来说，暂停法或其他愤怒管理技巧是可以帮你阻止暴怒的。专业的药物也能让你减少大脑失控的可能。

　　暴怒需要"对症下药"。本书有六章详细描述了几种不同类型的暴怒情绪，每一章都会介绍一套应对这一类型暴怒的方法。如果你有某种类型的暴怒倾向，那么你需要仔细研究这一章的内容。除此之外，你还要总结出一套属于自己的暴怒处理方式。请记住，在治愈暴怒的过程中，请不要孤军奋战，把家人、朋友、咨询师、医生和有信仰的朋友都邀请进来，他们都是可以帮助你摆脱暴怒的非常有价值的资源。

　　总之，请你谨记应对暴怒的要旨：你有能力阻止暴怒，你有能力摆脱暴怒，你有能力让自己过上更好的生活。

参考文献

Amen, D. 1998. *Firestorms in the Brain*. Fairfield, CA: Mindworks Press.

Bowlby, J. 1969. *Attachment*. Vol. 1 of *Attachment and Loss*. New York: Basic Books.

———. 1973. *Separation: Anxiety and Anger*. Vol. 2 of *Attachment and Loss*. New York: Basic Books.

———. 1980. *Loss: Sadness and Depression*. Vol. 3 of *Attachment and Loss*. New York: Basic Books.

Feeney, J., P. Noller, and M. Hanrahan. 1994. Assessing adult attach-ment. In *Attachment in Adults*, edited by M. Sperling and W. Berman. New York: Guilford Press.

Freedman, S. 1999. A voice of forgiveness: One incest survivor's experience of forgiving her father. *Journal of Family Psychotherapy* 10(4): 37–60.

Green, R. 1998. *The Explosive Child*. New York: Harper Collins.

Karen, R. 2001. *The Forgiving Self*. New York: Doubleday.

Kaufman, G. 1996. *The Psychology of Shame*. 2nd ed. New York: Springer.

Le Doux, J. 1996. *The Emotional Brain*. New York: Touchstone.

———. 2002. *Synaptic Self*. New York: Viking.

Neihoff, D. 1998. *The Biology of Violence*. New York: Free Press.

Newman, K. 2004. *Rampage: The Social Roots of School Shootings*. New York: Basic Books.

Papalos, D., and J. Papalos. 1999. *The Bipolar Child*. New York: Random House.

Potter-Efron, R. 2001. *Stop the Anger Now*. Oakland, CA: New Harbinger Publications.

Ratey, J., and C. Johnson. 1998. *Shadow Syndromes*. New York: Bantam Books.

Slevin, P. 2005. Suicide note is confession to slayings. *New York Times*, March 11, 11A.

译者后记

极端、暴躁、言语激烈、家暴、冲动、失手、牢狱之灾……提及愤怒，大家似乎总能联想到这些词语。

没错，这是一本针对暴怒症的心理咨询师的手记，记录着失手打伤爸爸的孩子、刺杀法官的平民、拿枪威胁男友的女人、一心想要报复情人和朋友的罪犯、被前夫"气疯了"的单亲母亲。这些人都曾因为暴怒而惹上麻烦，都是控制不住自己情绪的暴怒者。

原本，和大部分人一样，我以为自己只是一名旁观者，毕竟暴怒者的故事和我有什么关系呢？——我心理健康、控制力良好并且举止正常。但是看了这本书以后才发现，其实所谓的暴怒者，正是某个"不舒服"时刻的我们。

你可曾试过，无论你如何努力，都无法改变现状？

你可曾有过这样的感受，如果你不保护自己，就会被别人重手打伤？

你可曾被嘲笑过，但似乎觉得对方的嘲笑也有一定的道理？

你可曾有过这样的感受，只要爱人不在身边你就疑心重重？

你可曾劝说自己忍一时风平浪静，直到你忍无可忍？

你可曾经常对家人恶语相向，事后又后悔不已？

你可曾认为，老虎不发威，别人会当你是病猫？

你可曾觉得,"生气"也有它的意义和作用?

你是否发现,这些状况我们都曾遇见过。但身处这些日常小挫折中的你,或许还没测过"暴怒量表",否则你会惊讶地发现,原来自己也有暴怒倾向,原来这种倾向离我们并不遥远。

愤怒是人类的七情六欲之一,它有存在的价值。有时通过发怒我们可以得到我们想得到的东西,但我们并不会因此而喜欢上发怒。突然间爆发的愤怒虽然猛烈可怕、伤人伤己,但更常见的是人们在日积月累中因为遭受到一些不公平的对待而逐渐累积起来的愤怒。

美国的愤怒管理专家罗纳德·波特-埃弗隆通过大量的案例及专业的研究总结出了六种不同的暴怒类型,而在本书案例主角的故事中,我也能常常看到自己的影子。书中不乏令人深思的洞察,带领我们审视自己的愤怒,让我们更好地认识自己,与愤怒和解。

如果想要摆脱暴怒,从暴怒的困扰中走出来,那么我们应该坐下来,冷静地、不带偏见地看待暴怒这件事,分析一下:暴怒是怎么形成的?我们能否摆脱暴怒?我们怎么做才能有效地控制住暴怒?我们该如何掌控自己的情绪?甚至我们该如何去掌控自己的生活?我们如何才能让我们的孩子免受暴怒的困扰?我相信,看完本书,你会对这些问题有一个非常清晰的认知。

Rage : A Step-by-Step Guide to Overcoming Explosive Anger

ISBN: 978-1-57224-462-7

Copyright © 2007 by Ronald Potter-Efron

Authorized Translation of the Edition Published by New Harbinger Publications.

No part of this publication may be reproduced, stored in a retrieval system or transmitted in any form or by any means, electronic, mechanical photocopying, recording or otherwise without the prior permission of the publisher.

Simplified Chinese rights arranged with New Harbinger Publications through Big Apple Agency, Inc.

Simplified Chinese version © 2022 by China Renmin University Press.

All rights reserved.

本书中文简体字版由 New Harbinger Publications 通过大苹果公司授权中国人民大学出版社在全球范围内独家出版发行。未经出版者书面许可，不得以任何方式抄袭、复制或节录本书中的任何部分。

版权所有，侵权必究。

北京阅想时代文化发展有限责任公司为中国人民大学出版社有限公司下属的商业新知事业部，致力于经管类优秀出版物（外版书为主）的策划及出版，主要涉及经济管理、金融、投资理财、心理学、成功励志、生活等出版领域，下设"阅想·商业""阅想·财富""阅想·新知""阅想·心理""阅想·生活"以及"阅想·人文"等多条产品线，致力于为国内商业人士提供涵盖先进、前沿的管理理念和思想的专业类图书和趋势类图书，同时也为满足商业人士的内心诉求，打造一系列提倡心理和生活健康的心理学图书和生活管理类图书。

《与情绪和解：治疗心理创伤的 AEDP 疗法》

- 这是一本可以改变人们生活的书，书中探讨了我们可以怎样治疗心理问题，怎样从防御式生活状态变为自我导向、目的明确且自然本真的生活状态。
- 学会顺应情绪，释放情绪，与情绪和谐相处，让内心重归宁静，让你在受伤的地方变得更强大。

《把自己的愤怒当回事：写给女性的情绪表达书》

- 帮助女性为自己的愤怒情绪找到合理的表达方式，更有效地处理生活中遇到的问题，让愤怒不再成为女性"被禁止的情绪"。
- 当你以诚实、克制和有益的方式表达自己经受的伤害时，分歧才会得到妥善的处理，人际关系才会得到延续和改善。

《对身边的软暴力说不：如何识别和摆脱情感勒索》

- 剖析情感勒索者行为背后的心理病症与惯用伎俩。
- 识别身边打着爱与关心的旗号企图操纵你的情感勒索者。
- 彻底改变令人窒息的亲密关系和人际关系。

《情绪自救：化解焦虑、抑郁、失眠的七天自我疗愈法》

- 心灵重塑疗法创始人李宏夫倾心之作。
- 本书提供的七天自我疗愈法是作者经过多年实践验证、行之有效、可操作性强的方法。让阳光照进情绪的隐秘角落，让内心重拾宁静，让生活回到正轨。

《原生家庭的羁绊：用心理学改写人生脚本》

- 与父母的关系，是一个人最大的命运。
- 我们与父母的关系，会影响我们如何与自己、他人及这个世界相处，这就是原生家庭的羁绊……
- 读懂人生脚本，走出原生家庭的死循环诅咒，看见自己、活出自己，而不是做别人人生的配角！

《徐凯文的心理创伤课：冲破内心的至暗时刻》

- 中国心理学会临床心理学注册工作委员会秘书长、北京大学临床心理学博士徐凯文十年磨一剑倾心之作。
- 我们假装一切都好，但事实并非如此。
- 受到伤害不是你的错，但从创伤中走出却是你的责任。

《折翼的精灵：青少年自伤心理干预与预防》

- 一部被自伤青少年的家长和专业人士誉为"指路明灯"的指导书，正视和倾听孩子无声的呐喊，帮助他们彻底摆脱自伤的阴霾。
- 华中师大江光荣教授、清华大学刘丹教授、北京大学徐凯文教授、华中师大任志洪教授、中国社会工作联合会心理健康工作委员会常务理事张久祥、陕西省儿童心理学会会长周苏鹏倾情推荐。

《既爱又恨：走近边缘型人格障碍》

- 一本向公众介绍边缘人格障碍的专业书籍，从理论和实践上都进行了系统的阐述，堪称经典。
- 有助于边缘型人格障碍患者重新回归正常生活，对维护社会安全稳定、建设平安中国具有重要作用。